Matthias Merzkirch

Verformungs- und Schädigungsverhalten der verbundstranggepressten, federstahldrahtverstärkten Aluminiumlegierung EN AW-6082

Schriftenreihe
des Instituts für Angewandte Materialien

Band 11

Karlsruher Institut für Technologie (KIT)
Institut für Angewandte Materialien (IAM)

Eine Übersicht über alle bisher in dieser Schriftenreihe erschienenen Bände finden Sie am Ende des Buches.

Verformungs- und Schädigungs-verhalten der verbundstranggepressten, federstahldrahtverstärkten Aluminiumlegierung EN AW-6082

von
Matthias Merzkirch

KIT Scientific Publishing

Dissertation, Karlsruher Institut für Technologie (KIT)
Fakultät für Maschinenbau
Tag der mündlichen Prüfung: 16. Juli 2012

Impressum

Karlsruher Institut für Technologie (KIT)
KIT Scientific Publishing
Straße am Forum 2
D-76131 Karlsruhe
www.ksp.kit.edu

KIT – Universität des Landes Baden-Württemberg und
nationales Forschungszentrum in der Helmholtz-Gemeinschaft

KIT Scientific Publishing 2012
Print on Demand

ISSN 2192-9963
ISBN 978-3-86644-933-6

Verformungs- und Schädigungsverhalten der verbundstranggepressten, federstahldrahtverstärkten Aluminiumlegierung EN AW-6082

Zur Erlangung des akademischen Grades eines
Doktors der Ingenieurwissenschaften
an der Fakultät für Maschinenbau des
Karlsruher Instituts für Technologie (KIT)
genehmigte

Dissertation

von

Dipl.-Ing. Matthias Merzkirch
aus Saarburg

Tag der mündlichen Prüfung:	16.07.2012
Hauptreferent:	Prof. Dr.-Ing. Volker Schulze
Korreferent:	Prof. Dr.-Ing. Eberhard Kerscher
Korreferent:	PD Dr.-Ing. Kay André Weidenmann

Für meine Oma Marga († 26.01.2009)
dein Theischen

„Es gibt keine Probleme, nur neue Situationen“
Rudolf Schenker

Vorwort

Vielen Dank den zahlreichen Helfern und Kollegen, die zum Gelingen dieser Arbeit, die während meiner Zeit von April 2007 bis April 2012 am Institut für Angewandte Materialien – Werkstoffkunde (IAM-WK) des Karlsruher Instituts für Technologie (KIT) entstand, in jeglicher Form beigetragen haben.

Herrn Prof. Dr. D. Löhe danke ich an dieser Stelle für die Aufnahme in das Institut.

Ich danke dem Sprecher des von der DFG geförderten SFB/TR 10, in dessen Rahmen diese Arbeit entstanden ist, Herrn Prof. Dr. A. E. Tekkaya vom Institut für Umformtechnik und Leichtbau (IUL) der Technischen Universität Dortmund.

Herrn Prof. Dr. V. Schulze danke ich besonders für die Übernahme des Hauptreferats sowie für das Durchlesen des Manuskripts. Herrn Prof. Dr. E. Kerscher danke ich für die Übernahme des Korreferats und das Durchlesen des Manuskripts.

Herrn PD Dr.-Ing. K. A. Weidenmann danke ich für die wertvollen wissenschaftlichen Diskussionen, die maßgeblich zum Entstehen dieser Arbeit beigetragen haben, sowie für die engagierte Unterstützung in den vergangenen Jahren.

Große Anerkennung verdienen auch die anderen Wissenschaftler des IAM-WK für ihre uneingeschränkte Diskussionsbereitschaft. Besonders hervorheben möchte ich das gute Arbeitsklima des „10.96-Flures“, insbesondere innerhalb des Zimmers 118, verschuldet durch Thilo Hammers.

Mein Dank gilt allen Mitarbeitern des Instituts, die mir hilfreich und tatkräftig zur Seite gestanden haben. In der Metallographie hat Frau A. Ohl für mich Besonderes geleistet; dasselbe gilt für das gesamte Team der mechanischen Werkstatt unter der Leitung von Herrn W. Schäfer.

Wesentliche Unterstützung im Rahmen ihrer Studien- bzw. Diplom- und Bachelorarbeiten erhielt ich von S. Riedl, V. Schlabach, A. Reeb, V. Walter, A. Henschel, M. Meissner, D. Zirn, L. Arietano und Ch. Nass. Ebenso danke ich meinen studentischen Hilfskräften C. Brachtendorf, F. Siepmann, P. Lau, Ch. Esch, J. Westphal, J.-P. Lutgen, A. Reeb, M. Stroka sowie M. Gottschalk für ihr Engagement.

Der Auslandsaufenthalt an der Arizona State University in Tempe (Arizona – USA) von Januar 2011 bis Mai 2011 wurde vom Karlsruhe House of Young Scientists (KHYS) gefördert.

De tout coeur je veux remercier et embrasser mes parents pour le support pendant toutes les années, surtout durant les moments éprouvants.

Inhaltsverzeichnis

1 Einleitung und Motivation

Die Forderung produktionstechnischer Neuerungen aufgrund immer teurer werdender Energieressourcen und der damit geforderten ökonomischen sowie ökologischen Optimierungsmaßnahmen erhöht die Nachfrage bezüglich leichter und kostengünstiger Materialien für den Transportsektor.

Aus diesem Grund setzt sich der durch die Universitäten Dortmund, München und Karlsruhe repräsentierte und durch die Deutsche Forschungsgemeinschaft geförderte Sonderforschungsbereich SFB/Transregio 10 „Integration von Umformen, Trennen und Fügen für die flexible Fertigung von leichten Tragwerkstrukturen" das Ziel, kostengünstig unidirektional verstärkte aushärtbare Leichtmetalllegierungen durch Verbundstrangpressen herzustellen sowie die optimierte Weiterverarbeitung und Dimensionierung der Verbundprofile zu gewährleisten.

Für den Einsatz dieser Leichtmetallverbundprofile für Transportmedien sowohl im Personennahverkehr als auch im Luftfahrtsektor steht eine beanspruchungsgerechte Auslegung und Dimensionierung der einzelnen Strukturbauteile im Fokus.

Neben dem beanspruchungsgerechten Einsatz von unidirektional verstärkten und unverstärkten Leichtbaumetallen im Sinne von „verstärkt wo nötig, unverstärkt wo möglich" sind insbesondere die unterschiedlichen Mechanismen bezüglich des Verformungs- sowie Schädigungsverhaltens unter quasi-statischer und zyklischer Beanspruchung zu klären, um eine ausfallsichere Dimensionierung zu gewährleisten.

Im Zuge dieser Arbeit sollen neben der Bestimmung der Grenzflächenhaftung zwischen den Komponenten die unterschiedlichen Verformungs- und Schädigungsmechanismen auf Probenebene unter quasi-statischer Zug- und Druckbelastung, zyklischer Ermüdungsbeanspruchung sowie ebenfalls das zyklische Rissausbreitungsverhalten auf Profilebene beschrieben und geklärt werden.

Neben der zerstörenden Werkstoffcharakterisierung steht mit der Schallemissionsmesstechnik eine zerstörungsfreie in-situ-Prüfung zur Seite, die es erlaubt, die Verformung und Schädigung im Augenblick des Auftretens zu registrieren und zu lokalisieren. Dabei ist die Kenntnis der genauen Bewertung der auftretenden Schallsignale unabdingbar, die eine genaue Interpretation der anfallenden Daten erst erlaubt.

Auf Basis der experimentell bestimmten Ergebnisse und der daraus gewonnenen Erkenntnisse bezüglich des Verformungs- sowie Schädigungsverhaltens ist eine Finite-

Elemente-Modellierung sowie die Simulation des Verbundverhaltens möglich. Dies erlaubt eine kostengünstige Alternative für die zukünftige Dimensionierung von unidirektional verstärkten Strukturbauteilen.

2 Kenntnisstand

2.1 Verbundwerkstoffe

Der Einsatz von Verbundwerkstoffen für strukturelle Anwendungen liegt in der Optimierung der mechanischen Eigenschaften gegenüber den einzelnen Komponenten begründet [Ash04] [Hor08] [Rös08]. Die Art und Lage der Verstärkung innerhalb des Matrixmaterials bestimmt maßgeblich die mechanischen Eigenschaften des Verbundwerkstoffs gegenüber dem unverstärkten Material [Rös08]. Dabei wird zwischen ungerichteten Kurzfaser- (z. B. whiskerverstärkten), Teilchen- (partikelverstärkten) sowie Durchdringungs- (z. B. infiltrierten Schäumen) Verbundwerkstoffen [Mül03] [Rau77] [Stö88] mit quasi-isotropen, mechanischen Eigenschaften unterschieden. Dem stehen die gerichteten Faser- (z. B. lang- und endlosfaserverstärkten) sowie Schicht- (z. B. Laminat) Verbundwerkstoffe gegenüber, die stark anisotrope Eigenschaften vorweisen [Och94] [Rös08].

Dadurch, dass das Matrixmaterial den größten Anteil am Verbundwerkstoff ausmacht [Rös08], werden die grundlegenden mechanischen Eigenschaften des Verbundwerkstoffs vom Matrixwerkstoff beeinflusst. Demzufolge findet eine Unterteilung bezüglich des verwendeten Matrixmaterials analog zu den Werkstoffhauptgruppen statt. Somit wird zwischen Polymermatrix- (Polymer Matrix Composite – PMC), Keramikmatrix- (Ceramic Matrix Composite – CMC) sowie Metallmatrix- (Metal Matrix Composite – MMC) Verbundwerkstoffen unterschieden [Cha87] [Hul96] [Rös08].

Durch die Verstärkung sind deutliche Steigerungen der absoluten Steifigkeit und Festigkeit zu erzielen, wobei die Anisotropie bei der Dimensionierung berücksichtigt werden muss [Hul96] [Kai03]. Demgegenüber geht bei duktilen Matrizes durch die Verstärkung eine Reduktion der Duktilität im Vergleich zum unverstärkten Material einher. Des Weiteren steht bei (metallischen) Leichtbauverbundwerkstoffen eine Optimierung der auf die Dichte bezogenen mechanischen Kennwerte, wie der spezifischen Steifigkeit E/ρ bzw. Festigkeit $R_{p0,2}/\rho$, im Fokus [Ash04] [Kai03]. Dabei zeigen insbesondere nichtmetallische Fasern eine hohe spezifische Festigkeit [Cou00].

Nach [DIN90] erfolgt die Unterscheidung zwischen Faser und Draht ab einer Dicke von 100 µm. Daher wird im Folgenden als Verallgemeinerung der Begriff Verstärkungselement herangezogen.

2.2 Herstellungsverfahren

Die Herstellung von unidirektional verstärkten Metallmatrix-Verbundwerkstoffen kann über Fest- oder Flüssigphasenverfahren (schmelzmetallurgisch) sowie durch in-situ-Verfahren erfolgen [Cha87] [Kai03] [Kai06]. Zu Letzteren zählt z. B. das gerichtete Erstarren von Eutektika zweiphasiger Werkstoffe [Cha87]. Die Flüssigphasenverfahren implizieren unter anderem das Infiltrieren von Faserpreforms. So dient beispielsweise das Squeeze Casting (Pressgießen) zur Herstellung porenfreier und feinkörniger Faserverbundwerkstoffe [Cha87] [Kai03] [Kai06]. Zu den Festphasenverfahren zählen unter anderem sintermetallurgische Verfahren zur Herstellung von Kurzfaserverbundwerkstoffen [Nix74] sowie die Massivumformverfahren direktes und indirektes Strangpressen [Bau01] [Kle06]. Zur Erläuterung des Verfahrens zeigt Abbildung 2.1 (links) schematisch das Prinzip des direkten Strangpressens [Bau01]. Zunächst wird das Blockmaterial üblicherweise bis unterhalb der Rekristallisationstemperatur [Bau01] des zu verpressenden Werkstoffs vorgewärmt und in den ebenfalls auf annähernd Blocktemperatur [Bau01] vorgewärmten Rezipienten eingebracht. Anschließend wird der Blockwerkstoff durch hydraulisches Verfahren [Bau01] des Pressstempels durch die profilgeometriegebende Matrize gepresst.

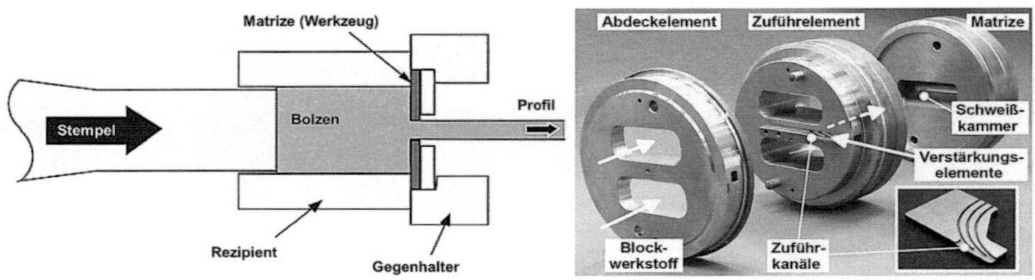

Abbildung 2.1: Prinzipskizze des direkten Strangpressens nach [Ost07] (links), modifiziertes dreiteiliges Kammerwerkzeug [Sch07b] (rechts)

Ein Maß für die Umformung ist das Pressverhältnis, das sich aus dem Quotienten der Querschnittsflächen des Rezipienten und der Profilendgeometrie definiert [Bau01]. Zur Herstellung von Verbundprofilen besteht hier die Möglichkeit des Verpressens bereits verstärkter Blockmaterialien [Bau01] [Kai03] [Mül03].

Eine kostengünstige Sonderform des direkten Strangpressens ist das Verbundstrangpressen mit Spezialwerkzeugen zur Herstellung unidirektional verstärkter Profile

[Kle04] [Sch07c]. Das in Abbildung 2.1 (rechts) dargestellte modifizierte Kammerwerkzeug erlaubt die Zuführung von Verstärkungselementen während des Prozesses. Zu Beginn wird der Blockwerkstoff durch das Abdeckelement in mehrere Teilstränge aufgespaltet, deren Anzahl von der Profilendgeometrie abhängig ist. Anschließend wird der bereits vorverformte Blockwerkstoff über Tragarme in den zweiten Teil, das Zuführelement, weitergeleitet. Dabei werden von außen Verstärkungselemente, die bereits vor dem Verpressen zugeführt wurden, um < 90° umgelenkt und kontinuierlich mittels der Zuführkanäle eingebracht. Der kontinuierliche Einzug der Verstärkungselemente erfolgt über die innerhalb der Schweißkammer (dritter Teil) auftretenden Schubspannungen zwischen Verstärkungselement und Blockwerkstoff [Kle04]. Die sogenannte Verschweißung der Teilstränge des Blockwerkstoffs führt zur Ausbildung von Längspressnähten [Ame03] [Sch07a] [Sch07c].

Abhängig vom Pressverhältnis, von der Stempelgeschwindigkeit bzw. der Fließgeschwindigkeit, vom Werkstoffsystem und den damit verbundenen unterschiedlichen thermischen Ausdehnungskoeffizienten, von der Anzahl an Verstärkungselementen sowie von der nachfolgenden Abkühlung und der damit einhergehenden Rekristallisation ergeben sich unterschiedliche mechanische Eigenschaften beim Endprodukt [Sch07d] [Wei06c].

Bei der Materialkombination Aluminium-Stahl liegen durch die unterschiedlichen thermischen Ausdehnungskoeffizienten nach dem Abkühlen theoretisch axiale Druckeigenspannungen im Verstärkungselement sowie axiale Zugeigenspannungen im Matrixmaterial vor [The76] [Wei05a] [Wei06c]. Zudem stellen sich radiale Druckspannungen ein, die die Grenzflächenfestigkeit erhöhen [Cha06] [Wei05a].

Das Verfahren ist auf unterschiedliche Werkstoffsysteme anwendbar. Neben dem Verpressen unterschiedlicher Seil- [Wei06c] und Drahtverstärkungselemente auf Eisen- [Ham08] [Wei06c], Kobalt- [Ham08] sowie Nickelbasislegierungen [Wei06c] konnte zudem durch [Wei05d] und [Mer08c] bestätigt werden, dass der Einsatz von Verbunddrähten auf Aluminiumoxidbasis ebenfalls machbar ist.

Des Weiteren ist neben dem Verpressen unterschiedlicher aushärtbarer Aluminiumlegierungen [Ham08] [Wei06c] auch eine Erweiterung der Werkstoffpalette für das Matrixmaterial durch den Einsatz der aushärtbaren Magnesiumlegierung AZ31 [Kam00] möglich [Mer11a] [Pie11].

Strangpressbare Leichtbaumatrixwerkstoffe

Für Aluminiumlegierungen stellt das Strangpressen eines der wirtschaftlichsten Formgebungsverfahren dar [Ost07]. Die aushärtbare Aluminiumknetlegierung EN AW-6082 [Bre39] zählt zu den höherfesten und damit mittelschwer strangpressbaren [Bau01] [Mül03] AlMgSi-Knetlegierungen, die unter anderem für Strukturteile der Rohkarosserie innerhalb von Personenkraftfahrzeugen eingesetzt wird [Ost07]. Weitere Anwendungsgebiete finden sich im Nutz- und Schienenfahrzeugbau sowie in der Luftfahrtindustrie in Form von Plattenwerkstoffen [Ost07].

Nachfolgend soll ein Überblick der Legierungselemente und deren Auswirkungen auf die mechanischen Eigenschaften aufgezeigt werden.

Magnesium besitzt bei einem Überschuss über die stöchiometrische Zusammensetzung der Gleichgewichtsphase Mg_2Si (β-Phase) hinaus negative Auswirkungen auf die Löslichkeit von Silizium bzw. Mg_2Si [Alt65], wohingegen ein Siliziumüberschuss wiederum zu höheren Festigkeiten als ein vergleichbarer Überschuss an Magnesium bzw. Mg_2Si führen kann [Bre39] [Zol65]. Außerdem reduziert ein geringer Überschuss an Silizium die Abschreckempfindlichkeit [Gup02] sowie die Auslagerungszeiten und neigt zur Bildung von Ausscheidungen an den Korngrenzen und damit zu einer Reduktion der Duktilität [Ost07]. Dagegen führt Mangan zu einer Erhöhung der Zähigkeit sowie zur Reduktion der interkristallinen Rissanfälligkeit und dient wie Chrom als Dispersionsbildner [Mül03] [Ost07]. Beide Elemente, die vorwiegend bei höherfesten Aluminiumlegierungen verwendet werden, erhöhen jedoch den Fließwiderstand beim Strangpressen und führen, im Gegensatz zu niedrigfesteren AlMgSi-Legierungen wie z. B. EN AW-6060, zu einer höheren Abschreckempfindlichkeit [Bir06] [Bom80] [Her68] [Roy04]. Zudem wirkt Mangan rekristallisationshemmend [Bir06] [Mül03], was zur Bildung verformungstexturierter Gefügebereiche mit langgestreckten Körnern [Ost07] [Ped08] (Presseffekt) mit einer grobkörnig rekristallisierten Randschicht führt [Mül03]. Das zu den Hauptlegierungselementen zählende Kupfer führt zur Erhöhung der Festigkeitseigenschaften [Man07b] [Ost07], bedingt durch eine dichtere Dispersion kohärenter β''-Ausscheidungsphasen, sowie zur Bildung der teilkohärenten, stabförmigen Q'-Phase (Vorläufer der Q-Gleichgewichtsphase – $Al_5Cu_2Mg_8Si_6$) [Bar02] [Man07b]. Die Legierungselemente Eisen, Mangan und Chrom führen mit Aluminium und Silizium zur Bildung teil- sowie inkohärenter intermetallischer Phasen [Mro07], die sich negativ auf das Verformungs- und Ermüdungsverhalten auswirken können [Ost07].

Aus wirtschaftlicher Sicht bietet es sich an, das Lösungsglühen und das Abschrecken mit dem Strangpressvorgang zu kombinieren [Bau01] [DIN08a] [Mül03]. So sollte bei EN AW-6082 das Lösungsglühen zur Homogenisierung bei Temperaturen zwischen 525 °C und 540 °C durchgeführt werden [Keß01a], wobei die Austrittstemperatur mindestens 530 °C betragen sollte [Bau01], um Mg_2Si und die Q-Phase weiterhin in Lösung zu halten [Bau01] [Lim93]. Ein Überhitzen seigerungsbehafteter Gefügebereiche würde zu lokalem Aufschmelzen führen, was die mechanischen Eigenschaften maßgeblich beeinträchtigt und durch nachfolgende Wärmebehandlungen nicht revidiert werden kann [Ost07].

Zur Erzielung eines an Leerstellen und Legierungselementen übersättigten Mischkristalls nach dem Abschrecken [Keß01b] sollte der Temperaturbereich zwischen 400 °C und 290 °C relativ zügig durchlaufen werden (10-20 K/s) [Bau01] [Ost07], wobei je nach Profilform und Wandstärke [Bau01] sowie bei einem hohen Anteil an Mg_2Si und weiteren Legierungselementen eine Abkühlung an bewegter Raumluft unzureichend sein kann, was zu Festigkeits- und Duktilitätseinbußen führt [Bau01] [Kam02] [Mro05] [Ost07]. Da geringere Abschreckgeschwindigkeiten zur Bildung von Ausscheidungen der β-Phase führen [Bre39] [Sat00], ist eine Abschreckung mit Wasser anzustreben [Bau01].

Bei der nachfolgenden Kaltaushärtung erfolgen unmittelbar zunächst lokale, amorphe Ansammlungen von Silizium- und Magnesiumatomen und Leerstellen (Cluster) geringer Kohärenzspannungen [Edw98] [Mar03] [Mur98] [Mur99]. Anschließend bilden sich kugelförmige Si/Mg-Cluster (sogenannte Co-Cluster), die sich darauf folgend zu kugelförmigen Guinier Preston I Zonen ausbilden [Ost07]. Die Kaltaushärtung führt im Allgemeinen zu kleineren Festigkeiten, allerdings auch zu höheren Verfestigungsexponenten als die Warmaushärtung. Daher wird hier überwiegend die Warmaushärtung angewandt [Ost07].

Die Warmauslagerungssequenz von AlMgSi-Legierungen bei Temperaturen von T = 155 °C bis 190 °C [Keß01b] erfolgt über die Bildung von nadelförmigen Guinier Preston I Zonen kohärenter Struktur zu der feinen, kohärenten und nadelförmigen β''-Phase (Guinier Preston Zone II – $(Al+Mg)_5Si_6$), die zu einem Härtemaximum führt [Mar01] [Ost07]. Die nachfolgende Überalterung führt zur Bildung der teilkohärenten, stäbchenförmigen β'-Phase und anschließend zur plattenförmigen Gleichgewichtsphase β [Mar01].

2.3 Mechanisches Verhalten unidirektional verstärkter MMCs

2.3.1 Grenzflächeneigenschaften

[Met74] definiert die Grenzfläche innerhalb von Metallmatrix-Verbunden als Region unterschiedlicher Zusammensetzung, die den Zusammenhalt zwischen Matrix und Verstärkung zur Lastübertragung zwischen den beiden Komponenten gewährleistet. Dabei besitzt die Grenzfläche innerhalb der Strukturbauteile die Funktion, die Kraft vom Matrixmaterial mittels Schubspannungen in das Verstärkungselement einzuleiten, wobei sie erheblichen Einfluss auf die mechanischen Eigenschaften des Verbundes hat [Cha87] [Cha02] [Cly93] [Jin01] [Met74].

Nach [Cha87] [Cha01] [Cha06] [Cly93] wird bei der Bindung zwischen Matrixmaterial und Verstärkungselement in Polymer-, Keramik- sowie in Metallmatrix-Verbunden zwischen Bindung chemischer und mechanischer Art unterschieden. Zu der mechanischen Bindung zählt die geometrische Oberflächenbeschaffenheit, sprich die Rauheit der Komponenten. Daneben trägt die sich durch unterschiedliche thermische Ausdehnungskoeffizienten und Elastizitätskonstanten der Komponenten einstellende Eigenspannungsverteilung und die damit einhergehenden unterschiedlichen Schrumpfungsgrade – bedingt durch Abkühlen nach dem Herstellungsprozess – zu der mechanischen Bindung bei. Die sich dabei in radialer Richtung einstellende Druckspannung erhöht somit die Festigkeit zwischen Verstärkungselement und Matrix [Cha95] [Cha01] [Cha06]. In [Cha72] [Vog86] konnte zudem an Metallmatrix-Verbunden gezeigt werden, dass die Versetzungsdichte mit höherem Verstärkungsanteil in der Nähe des Verstärkungselementes zunimmt, was sich durch die während des Abkühlvorgangs eintretende plastische Verformung des im Gegensatz zum Verstärkungselement weniger festen Matrixmaterials begründen lässt.

Zusätzlich zur mechanischen Bindung ist bei Metallmatrix-Verbunden eine chemische Bindungsart durch Reaktionsprodukte der Elemente der Matrix mit denen des Verstärkungselementes erwünscht. Die gebildeten Phasen beruhen auf der beim Herstellungsprozess höheren Temperatur und der damit zusammenhängenden höheren Diffusionsmöglichkeit sowie auf der Reaktionskinetik. Dabei ist allerdings die Bildung spröder Phasen zu vermeiden [Cha06].

Nach [Cha06] [Cly93] gibt es eine Vielzahl von Charakterisierungsmethoden zur Bestimmung der Grenzflächenfestigkeit, die in energie- und spannungsmaximumbasierte Arten unterteilt werden.

Zu den energiebasierten Methoden zählen bruchmechanische Untersuchungen bezüglich der Energiefreisetzungsrate G [Cly93] durch Trennung von Matrix und Verstärkungselement. Dabei ist vor allem die Belastungsrichtung zu beachten, die mitunter zusätzlich zur Normalspannungsbelastung (Mode I) der Grenzfläche eine Scherkomponente (Mode II) umfasst (vgl. auch Abschnitt 2.3.5). Dies wird zusätzlich durch die Lage der Verstärkungselemente, insbesondere bei faserverstärkten Werkstoffen, sowie durch eigenspannungsbehaftete Bauteile erschwert [Cly93].
Bei den spannungsmaximumbasierten Methoden wird zusätzlich zwischen der Ablösung des Verstärkungselementes und der Gleitreibung zwischen Verstärkungselement und Matrixmaterial unterschieden [Cly93].
Gängige Methoden zur direkten Bestimmung der Grenzflächenscherfestigkeit unidirektional verstärkter Verbunde sind der Pull-Out- [Mar91] sowie der Push-Out-Versuch [Mar84]. Bei diesen Verfahren wird jeweils die Maximalspannung zum Herausziehen bzw. Herausdrücken des Verstärkungselementes ermittelt [Cly93] [Mar84]. Dabei wurde der Pull-Out-Versuch vor allem auf faserverstärkte Polymermatrix-Verbunde angewandt. Die mechanische Charakterisierung erfolgt durch die Zugbeanspruchung eines zum Teil eingebetteten Verstärkungselementes innerhalb des Matrixmaterials, wobei die dabei ermittelten Daten mittels der Shear-Lag-Theorie [Chu85] [Cly93] [Law72] interpretiert werden. Nachteil dieser Methode ist der Aufwand der Probenpräparation sowie die Handhabung der Proben bei Verbunden mit sehr steifer Matrix [Cly93]. Dabei ist zu beachten, dass die eingebettete Länge des Verstärkungselementes kürzer als die kritische Länge ist, sodass ein Herausziehen des Verstärkungselementes anstatt seines Bruchs gewährleistet werden kann [Cha06] [Mar91]. Des Weiteren muss der Beginn der Delamination zwischen Matrix und Verstärkungselement festgestellt werden, da die Unterscheidung zwischen einer unvollständigen Ablösung und einem Formschluss erfolgen soll [Mar91].
Aufgrund der einfachen Probenherstellung sowie der Prüfmethodik ist der Push-Out-Versuch [Mar84] [Mar87], dessen Testprinzip schematisch in Abbildung 2.2 erläutert wird, prädestiniert für die Charakterisierung der Grenzflächenscherfestigkeit unidirektionaler Verbunde. Dabei wird das Verstärkungselement innerhalb einer Probe mittels eines Indenters axial belastet, wobei die nutbehaftete Probenunterlage ein Eindringen des Verstärkungselementes in die Nut gewährleistet.

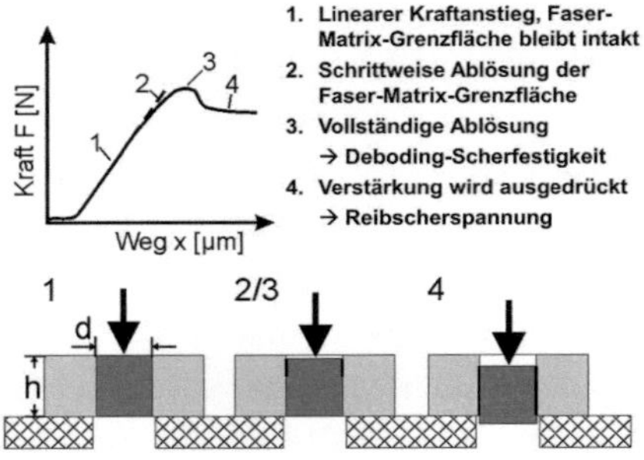

Abbildung 2.2: **Prinzipielle Kraft-Eindring-Kurve und Durchführung des Push-Out-Versuchs [Wei06c] nach [Jan95]**

Während dieses verschiebungskontrollierten Versuchs wird die Kraft kontinuierlich ermittelt, wobei, wie Abbildung 2.2 zeigt, zunächst ein linearer Anstieg der Kraft eintritt (1), gefolgt von einem leichten Abflachen der Kurve (2) bis zum Erreichen der Maximalkraft F_{max} (3). Anschließend erfolgt das Herausdrücken des Verstärkungselementes unter Einwirkung der zwischen Verstärkungselement und Matrix verursachten Reibung (4) [Jan95] [Poc01] [Tan98]. Die bei diesem Versuch ermittelte Grenzflächenscherfestigkeit (Debonding) σ_{deb} wird durch die Maximalkraft F_{max} bezogen auf die Mantelfläche des Verstärkungselementes mit dem Durchmesser d und der Probenhöhe h nach Gleichung 2.1 ermittelt [Mar84]:

$$\sigma_{deb} = \frac{F_{max}}{\pi \cdot d \cdot h}$$ **Gleichung 2.1**

Vorteil dieses Verfahrens ist die Anwendbarkeit auf Polymer-, Keramik- [Mar84] [Mar87] und Metallmatrix-Verbunde sowie auf unterschiedliche Verstärkungselementabmessungen. So fand das Verfahren bereits bei [Erm06] an kohlefaserverstärktem Kohlenstoff, bei [Jan95] und bei [Mer08c] [Ohl09] an aluminiumoxidfaserverstärktem Aluminium [Blu01] Verwendung. Die Herausforderung bestand hierbei in den kleinen Abmessungen der eingebetteten Fasern im Bereich 10 µm.

Da die Nutbreite der Auflagefläche größer sein muss als der Durchmesser des Verstärkungselementes, kommt es zusätzlich zu dessen axialer Belastung zu einer Biegebeanspruchung der Probe, siehe Abbildung 2.3 [Yue98]. Somit liegt der Nachteil dieses Verfahrens in der geometrieabhängigen Grenzflächenscherfestigkeit.

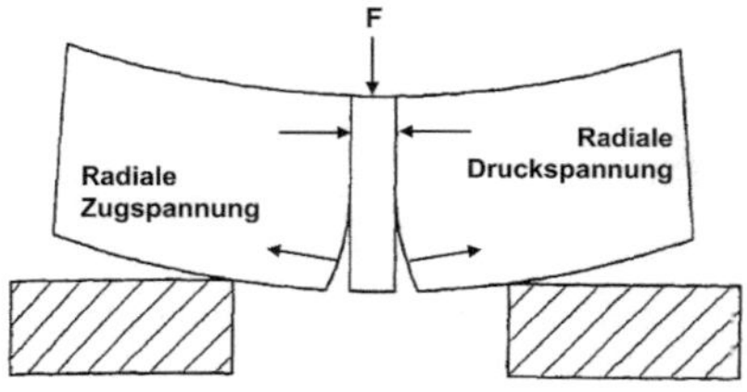

Abbildung 2.3: Schematische Darstellung der beim Push-Out-Versuch auftretenden inhomogenen Beanspruchung nach [Yue98]

Die Ausprägung der Biegebeanspruchung ist dabei von verschiedenen Geometriefaktoren wie z. B. der Probenhöhe h, der Nutbreite b und von dem Verstärkungselementdurchmesser d abhängig. Je größer das Aspektverhältnis h/d sowie das Verhältnis h/b ist, desto größer sind die auftretenden Biegespannungen [Yue98]. Die geometrische Abhängigkeit der Grenzflächenscherfestigkeit zeigt sich auch in unterschiedlichen Schädigungsmechanismen. So konnte bereits durch [Gal96] festgestellt werden, dass der vermutete Ablösebeginn der Grenzfläche nicht von der Probenoberseite, sondern von der Unterseite ausgeht. Weiterer Nachteil dieser Methode ist das Induzieren von Radialspannungen auf die Grenzfläche, bedingt durch die radiale Ausdehnung des Verstärkungselementes, die aus der aufgebrachten Druckkraft resultiert [Mar84]. Zudem lässt die auf der Maximalkraft basierende Grenzflächenscherfestigkeit keinerlei Aussagen über den Delaminationsbeginn zu. Dies wird auch durch die teilweise große Streubreite der Versuchsergebnisse erschwert [Wei06a] [Wei06c].

In [Wei05b] [Wei05c] [Wei06a] [Wei06c] wurde der Einfluss unterschiedlicher Oberflächenvorbehandlungen des Federstahldrahtes auf die Grenzflächenscherfestigkeit des Verbundsystems EN AW-6060 + 1.4310 untersucht. Als Referenz diente dabei der Zustand, der bei einer Verbundstrangpressgeschwindigkeit von 1 mm/s, anschließendem Abschrecken mit Luft am Pressmaul und nachfolgender Kaltauslagerung (T4) eingestellt wurde (σ_{deb} = 61 MPa). Mittels Vorbehandlungen des Verstärkungselementes konnte eine Verbesserung der Grenzflächenhaftung um ca. 48 % durch Schleifen und um ca. 54 % durch Beizen festgestellt werden. Sandstrahlen des Verstärkungselementes führt dagegen lediglich zu einer Erhöhung der Streuung bei unveränderter Grenzflächenscherfestigkeit. Im Gegensatz zum galvanischen Verzinken der Verstärkungselemente führt eine Zinkbeschichtung eher zu einer Verringerung der Grenzflächenhaftung. Des Weiteren konnte gezeigt werden, dass eine Verringerung der Pressgeschwindigkeit um 0,5 mm/s zu einer um ca. 10 MPa höheren Grenzflächenscherfestigkeit führt. Ebenso konnte durch eine nach dem Verbundstrangpressverfahren durchgeführte T6-Wärmebehandlung eine Erhöhung der Grenzflächenscherfestigkeit um ca. 22 % auf 74 MPa erzielt werden [Wei05b] [Wei05c]. Ferner konnte eine stoffschlüssige Verbindung beider Komponenten durch die Ausbildung intermetallischer Ausscheidungen mittels transmissionselektronenmikroskopischer Aufnahmen bestätigt werden.

In [Ham09a] wurde der Einfluss unterschiedlicher thermischer sowie thermomechanischer Behandlungsschritte auf die Grenzflächenscherfestigkeit von Kobalt- und Eisenbasisverstärkungselementen in aushärtbaren Aluminiumknetlegierungen untersucht. Dabei konnte festgestellt werden, dass durch eine nach dem Verbundstrangpressprozess durchgeführte T6-Wärmebehandlung mit zusätzlicher Reckbehandlung der stahldrahtverstärkten EN AW-6056-Profile eine Optimierung der Grenzflächenscherfestigkeit um bis zu 25 % erzielt werden kann [Ham09a].

2.3.2 Verhalten unter quasi-statischer Zugbeanspruchung

Nach [Cha06] erfolgt eine Einteilung der bei Metallmatrixverbunden auftretenden Verfestigungsmechanismen in direkte und indirekte Verfestigungen. Letztere basieren auf einer Beeinflussung des Matrixmaterials durch die Verstärkung. Dies impliziert die sich nach dem Herstellprozess einstellenden Eigenspannungen, die aus den unterschiedlichen Elastizitätsmoduln sowie den thermischen Ausdehnungskoeffizienten der verwendeten Materialien resultieren [Dun91]. Hierbei konnte bereits durch [Ars86] [Vog86] an siliziumkarbidpartikelverstärktem Aluminium eine höhere Versetzungsdichte in Grenzflächennähe attestiert werden. Diese fungieren wiederum als heterogene Keimbildungsplätze für die Ausscheidungsbildung aushärtbarer Legierungen [Sur93].

Die direkte Verfestigung erfolgt durch die Kraftübertragung von der Matrix über die Grenzfläche zum höhersteifen/-festen Verstärkungselement [Cha06]. Dabei spielt neben der Grenzflächenhaftung ebenfalls die Länge sowie der Durchmesser des Verstärkungselementes und letztlich dessen Festigkeit eine Rolle [Kel65b]. Zur Erzielung einer Verstärkungs- und Versteifungswirkung muss mindestens die kritische Verstärkungselementlänge gewährleistet sein, um das Verstärkungselement durch die in der Matrix vorliegende Fließspannung auf seine volle Festigkeit zu beanspruchen [Cou00] [Sae70].

[Cou00] [Kel65a] stellte das in Abbildung 2.4 gezeigte Zugverfestigungsverhalten für endlos verstärkte Verbunde auf. Neben der Zugverfestigungskurve des Verbundes (Index V) ist auch die der Einzelkomponenten, der Matrix (Index M) und des duktilen Verstärkungselementes (Index VE) wiedergegeben. In Anbetracht der von [Kel65a] [Voi87] getroffenen Annahme der Dehnungsgleichheit (Iso-Dehnung) der Einzelkomponenten und somit des Verbundes nach Gleichung 2.2:

$$\varepsilon_V = \varepsilon_{VE} = \varepsilon_M \qquad \textbf{Gleichung 2.2}$$

lässt sich das Zugverfestigungsverhalten des Verbundes in vier Bereiche einteilen, siehe Abbildung 2.4.

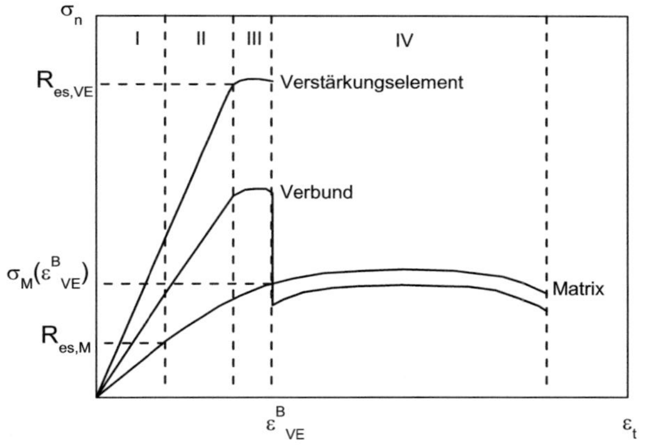

Abbildung 2.4: Schematisches Spannungs-Dehnungs-Diagramm eines Verbundes und der Einzelkomponenten nach [Cou00] in Anlehnung an [Cou00] und [Kel65a]

Innerhalb von **Bereich I** zeigen beide Komponenten und somit der Verbund rein elastisches Verhalten, das bereits durch [Voi87] mittels der Parallelschaltung der Einzelkomponten beschrieben wurde. Da sich die Querschnittsfläche des Verbundes aus denen der Einzelkomponenten additiv zusammensetzt, kann mittels des Kräftegleichgewichtes die Nennspannung des Verbundes innerhalb des elastischen Bereiches wie folgt angegeben werden:

$$\sigma_V = \sigma_{VE} \cdot V_{VE} + \sigma_M \cdot V_M$$ **Gleichung 2.3**

Dabei kennzeichnet V den Volumenanteil der jeweiligen Komponente, der sich über den Flächenanteil der jeweiligen Komponente am Verbund ermitteln lässt. Durch Anwendung des Hooke'schen Gesetzes [Hor06] sowie der Gleichung 2.3 lässt sich die Mischungsregel für die Verbundsteifigkeit wie folgt angeben:

$$E_I\ (= E_V) = E_{VE} \cdot V_{VE} + E_M \cdot V_M$$ **Gleichung 2.4**

Eine gegenseitige Beeinflussung der Spannungsfelder der Verstärkungselemente wird hierbei nicht berücksichtigt.
Der Beginn von **Bereich II** ist durch die einsetzende elastisch-plastische Verformung des unverstärkten Materials $R_{es,M}$ gekennzeichnet. Die Überlagerung der rein elastischen Verformung des Verstärkungselementes mit der elastisch-plastischen Verfestigung des unverstärkten Materials wird nach Gleichung 2.5 angenähert:

$$E_{II}\ (= E_V) = E_{VE} \cdot V_{VE} + \left(\frac{d\sigma_M}{d\varepsilon_M}\right) \cdot V_M$$ **Gleichung 2.5**

Dabei kennzeichnet der zweite Term das als linear angenäherte Verfestigungsverhalten des unverstärkten Materials. Da die Steigung innerhalb des Verfestigungsbereiches im Vergleich zum Elastizitätsmodul gering ist, kann Gleichung 2.5 auch durch Vernachlässigung des zweiten Terms wie folgt vereinfacht werden:

$$E_{II} \approx E_{VE} \cdot V_{VE}$$ **Gleichung 2.6**

Bereich III ist durch die elastisch-plastische Verformung beider Komponenten ab Erreichen der Streckgrenze des Verstärkungselementes gekennzeichnet; daher entfällt dieser Bereich bei sehr spröden Verstärkungselementen.
Die Zugfestigkeit des Verbundes berechnet sich nach Gleichung 2.7:

$$R_m = \sigma_{VE}^B \cdot V_{VE} + \sigma_M(\varepsilon_{VE}^B) \cdot V_M$$ **Gleichung 2.7**

Dabei entspricht $\sigma_M(\varepsilon^B{}_{VE})$ der in der Matrix vorliegenden Spannung bei Bruch des Verstärkungselementes. Nach [Kel65a] verliert diese Abschätzung ihre Gültigkeit, sofern das duktile Verstärkungselement durch Einschnürung versagt, da die Matrix weitaus größere Dehnungen aufweist, als dies durch Gleichung 2.2 angenommen wurde. Somit fällt die Dehnung bei Bruch des Verstärkungselementes innerhalb des Verbundes größer als beim reinen Verstärkungselement aus. Im Gegensatz zum in Abbildung 2.4 gezeigten und durch Gleichung 2.2 angenommenen Verhalten der Dehnungsgleichheit liegt laut [Cou00] die Gleichmaßdehnung des Verbundes zwischen den Gleichmaßdehnungen des Verstärkungselementes und der Matrix (in Abhängigkeit vom Verstärkungselementgehalt). Damit geht eine Unterschätzung der Verbundzugfestigkeit nach Gleichung 2.7 einher [Cou00] [Kel65a].
Der Bruch des Verstärkungselementes läutet den **Bereich IV** ein, der durch die weitere elastisch-plastische Verformung und anschließende Einschnürung des restlichen Matrixmaterials bis zu seinem Versagen gekennzeichnet ist [Cou00]. Aufgrund der im Bereich III auftretenden Verformungen und Schädigungen stellt sich eine kleinere Bruchtotaldehnung des Verbundes als die des unverstärkten Materials ein.
Die Restzugfestigkeit des Matrixmaterials lässt sich aus der volumenanteiligen Zugfestigkeit des unverstärkten Materials nach Gleichung 2.8 berechnen [Cou00]:

$$\sigma_{IV} = V_M \cdot R_{m,M} \qquad \textbf{Gleichung 2.8}$$

Wie bereits oben beschrieben, beschränken sich die hier vorgestellten Zusammenhänge bezüglich des Bereiches III auf duktile Verstärkungselemente.
Der Zusammenhang zwischen der Zugfestigkeit R_m und dem Verstärkungsanteil V_{VE} für duktile und spröde Verstärkungselemente ist in Abbildung 2.5 schematisch dargestellt [Kel65a].
Dabei zeigt sich, dass durch den Einsatz spröder Verstärkungselemente eine gegenüber dem unverstärkten Material geringere Zugfestigkeit des Verbundes bei kleinen Verstärkungsanteilen zu erwarten ist. Die anfängliche Abnahme der Zugfestigkeit ist auf die Beschränkung des Verstärkungsgehaltes unter Vernachlässigung der eigentlichen Verstärkungselementeigenschaften zurückzuführen [Sae70].
Diese Abnahme ist durch die Mischungsregel nach Gleichung 2.7 unter Vernachlässigung des ersten Terms quantifiziert.

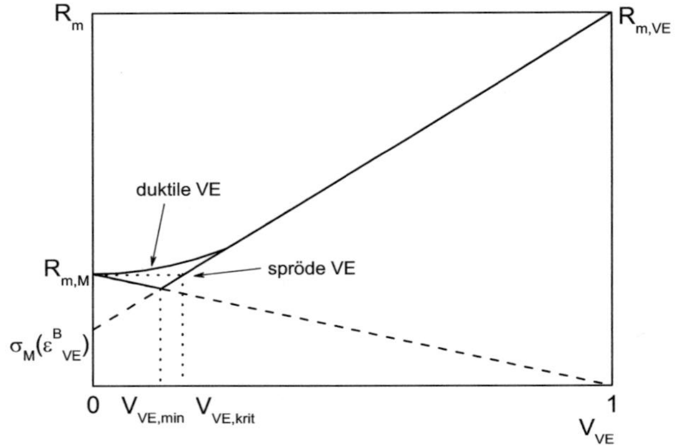

Abbildung 2.5: Abhängigkeit der Zugfestigkeit R_m vom Verstärkungsanteil V_{VE} nach [Kel65a] [Sae70]

Um eine Optimierung der Verbundzugfestigkeit im Vergleich zum unverstärkten Material zu erreichen, muss der kritische Verstärkungsanteil $V_{VE,krit}$ überschritten werden [Kel65a], der beim Einsatz von spröden Verstärkungselementen in Aluminiumlegierungen erst ab einem Volumenanteil von ca. 10 Vol.-% zu erwarten ist [Sae70].

Unter Verwendung von duktilen Verstärkungselementen sind höhere Zugfestigkeiten [Sae70] als die durch das Modell vorhergesagten Festigkeiten möglich. Dies liegt darin begründet, dass die verstärkte Matrix die Einschnürung des Verstärkungselementes erst bei höherer Spannung zulässt bzw. die verfrühte Einschnürung unterbindet [Sae70]. Dabei ist die unter einem dreiachsigen Spannungszustand stehende Matrix ebenfalls zu berücksichtigen.

Erweitertes Courtney-Modell

Nach [Cou00] erfolgt nach Bruch des Verstärkungselementes die weitere Verformung und Schädigung der Restmatrix, die bis zum Versagen der kompletten Probe mit der volumenanteilgewichteten Zugverfestigungskurve der unverstärkten Matrix angenähert wird.

Durch [Wei06b] [Wei06c] konnte mittels optischer Registrierung eine Dehnungslokalisation festgestellt werden, die begründet, dass die Matrix im Verbund kleinere Totaldehnungen beim Bruch erträgt als das unverstärkte Material. Das durch [Wei06c] erweiterte Courtney-Modell soll im Folgenden beschrieben werden.

Nach [Mar98] kann die Gleichmaßdehnung- und die Einschnürverlängerung mittels der Parameter α und β, die aus der Zugverfestigungskurve bestimmt werden können, beschrieben werden, siehe Gleichung 2.9:

$$\Delta L_B = \alpha \cdot L_0 + \beta \cdot \sqrt{A_0}$$ **Gleichung 2.9**

Dabei stellen A_0 den Anfangsquerschnitt und L_0 die Anfangsmesslänge dar, wobei letztere durch den Verstärkungselementbruch auf die Spaltlänge L'_0 (nahe Null, [Wei06c]) reduziert wird. Da die Dehnungsgleichheit nach Gleichung 2.2 nur bis zum Verstärkungselementbruch ε_{VE}^{B} gilt, erfolgt nach [Wei06c] eine Korrektur der Gleichmaßdehnung nach:

$$\varepsilon_{t,korr}^{Gl}(\varepsilon_t) = \varepsilon_{VE}^{B} + \frac{\alpha \cdot L'_0}{L_0 \cdot \left(A_{g,t,M} - \varepsilon_{VE}^{B}\right)} \cdot (\varepsilon_t - \varepsilon_{VE}^{B})$$ **Gleichung 2.10**

für $\varepsilon_{VE}^{B} \leq \varepsilon_t \leq A_{g,t,M}$

sowie der Einschnürdehnung nach:

$$\varepsilon_{t,korr}^{Ein}(\varepsilon_t) = \varepsilon_{VE}^{B} + \frac{\alpha \cdot L'_0}{L_0} + \frac{\beta \cdot \sqrt{V_M \cdot A_0}}{L_0 \cdot \left(\varepsilon_{M}^{B} - A_{g,t,M}\right)} \cdot \left(\varepsilon_t - A_{g,t,M}\right)$$ **Gleichung 2.11**

für $A_{g,t,M} \leq \varepsilon_t \leq \varepsilon_{M}^{B}$

Abbildung 2.6 zeigt den Vergleich zwischen der experimentell bestimmten Zugverfestigungskurve der Inconel 601-seilverstärkten EN AW-6060-T4 Matrix und dem Kelly-Modell sowie der oben beschriebenen Dehnungskorrektur nach [Wei06c].

Trotz der dabei ermittelten Überschätzung der Dehnung ($\Delta\varepsilon = 2$ %) bei Verstärkungselementbruch ist eine gute Übereinstimmung zwischen Experiment und Modell zu konstatieren.

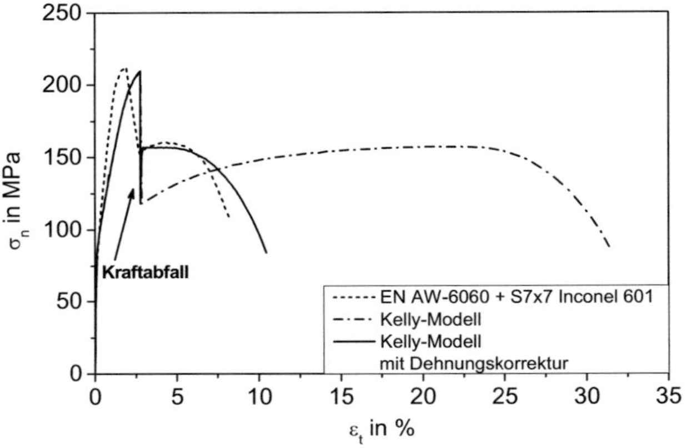

Abbildung 2.6: Vergleich der gemessenen Zugverfestigungskurve des 7x7-seilverstärkten Verbundes (EN AW-6060-T4 + S7x7 Inconel 601) mit Vorhersagen nach [Kel65a] und unter Berücksichtigung der vorgestellten Dehnungskorrektur [Wei06c]

Ein vergleichbares Verformungsverhalten zeigten bereits [Ham08] [Ham09b] und [Wei06b] [Wei06c] an unterschiedlichen (11 Vol.-%) federstahlseil- sowie kobaltbasisdrahtverstärkten aushärtbaren Aluminiumlegierungen (EN AW-6060-T4, EN AW-6056, EN AW-2099), sodass das nach [Wei06c] erweiterte Modell nach [Cou00] [Kel65a] eine sehr gute Abschätzung sowohl bezüglich der auftretenden Dehnungen als auch hinsichtlich der Spannungen liefert.

In [Ham08] [Ham09b] [Wei06c] wurde dagegen an unterschiedlichen verbundstranggepressten, aushärtbaren Aluminiumlegierungen (EN AW-6060-T4, EN AW-6082, EN AW-6056, EN AW-2099) bei einem Verstärkungsanteil von 11 Vol.-%, bestehend aus hochlegierten Eisenbasisverstärkungselementen mit einem Durchmesser von 1 mm, gezeigt, dass der nach [Kel65a] gekennzeichnete Bereich III höhere Dehnungen bis zum Verstärkungselementversagen aufweist, als die Einzelkomponente zulässt. Diesbezüglich wurde eine Modifikation von Gleichung 2.7 durch Einsetzen der sich innerhalb des unverstärkten Materials einstellenden Spannung bei Bruch des Verstärkungselementes im Verbund durchgeführt, was zu einer verbesserten Übereinstimmung mit den experimentell ermittelten Werten führte [Ham08]. Die Ursache der sich höher als erwartet einstellenden Dehnungen findet sich vermutlich in der Mehrfa-

cheinschnürung des Verstärkungselementes, die bereits durch [Wei06c] mittels optischer Dehnungsregistrierung festgestellt werden konnte.
Zudem zeigten bereits die in [Kel65b] vorgestellten Ergebnisse an kupferverstärktem Wolfram, dass der Verbund höhere Bruchdehnungen bei Verstärkungselementversagen erträgt, als die Einzelkomponente zulässt. Dies liegt in der multiplen Einschnürung des Verstärkungselementes begründet, was bereits in [Sch70] und [Ven70] an wolframverstärktem Messing, bei [Pie65] an rostfreiem stahlverstärktem Silber sowie Aluminium [Sho74] bestätigt werden konnte. Die Erklärung basiert dabei laut [Sch70] auf der kontinuierlichen Scherinteraktion zwischen Matrix und Verstärkungselement, die die Haftung beider Komponenten ermöglicht. Die plastische Instabilität (Einschnürung) des Verstärkungselementes begünstigt sowohl dessen Verfestigung als auch die Verfestigung der Matrix und damit die Wahrscheinlichkeit der Einschnürungsinitiierung an anderer Stelle entlang des Verstärkungselementes [Sch70]. Laut [Pie65] [Ven70] findet sich eine Erklärung der erhöhten Dehnung des Verbundes in der Dehnungsbehinderung des Verstärkungselementes durch das Matrixmaterial, was zu der mehrfachen Einschnürung des Verstärkungselementes an Stellen günstigerer Spannungszustände führt [Pie65]. Dabei wird eine hohe Grenzflächenfestigkeit vorausgesetzt, da ansonsten ein Herausziehen des Verstärkungselementes bevorzugt erfolgen würde. Ferner wurden als mögliche Gründe der sich einstellenden Dehnung, die durch die Herstellung eingebrachten Druckspannungen sowie die Querkontraktion mitberücksichtigt [Ven70]. Die weitaus wahrscheinlichere Ursache liegt in der Lastübertragung von der Matrix zum Verstärkungselement begründet [Ven70]. Dabei erfolgt durch die Einschnürung des Verstärkungselementes eine Plastifizierung des Matrixmaterials in der Umgebung der Einschnürung. Die dadurch verursachte Verfestigung des Matrixmaterials erlaubt wiederum eine Einschnürung des Verstärkungselementes an anderer Stelle, was sich bis zum Versagen der Probe wiederholt [Ven70].
Nach [Mil69] ist die Dehnung bei Verstärkungselementversagen im Verbund vom Verstärkungsanteil abhängig. Dabei erfolgte eine Quantifizierung der Verbundgleichmaßdehnung $A_{g,t,V}$ auf Basis der Annahme idealer Grenzflächenhaftung sowie der Einschnürung der einzelnen Komponenten, was in der Einschnürung des Verbundes resultiert. Unter Anwendung von Gleichung 2.3 lässt sich somit die Abhängigkeit des Verstärkungsgehaltes V_{VE} von der Verbundgleichmaßdehnung $A_{g,t,V}$ wie folgt angeben:

$$V_{VE} = \frac{1}{1 + \gamma \cdot \frac{(A_{g,t,V} - A_{g,t,VE})}{(A_{g,t,M} - A_{g,t,V})} \cdot (A_{g,t,V})^{(A_{g,t,VE} - A_{g,t,M})}} \qquad \textbf{Gleichung 2.12}$$

mit

$$\gamma = \frac{R_{m,VE}}{R_{m,M}} \cdot \frac{(A_{g,t,M})^{A_{g,t,M}}}{(A_{g,t,VE})^{A_{g,t,VE}}} \cdot \frac{\exp(A_{g,t,VE})}{\exp(A_{g,t,M})} \qquad \textbf{Gleichung 2.13}$$

Dabei stellen $A_{g,t}$ die Gleichmaßtotaldehnung sowie R_m die Zugfestigkeit der Einzelkomponenten dar [Mil69].
Weitere Untersuchungen bezüglich der quasi-statischen Eigenschaften von stahldrahtverstärkten Aluminiumlegierungen wurden in [Moe82], [Sho74] und [Tam77] beschrieben. So untersuchten [Moe82] [Moe84a] [Moe84b] bereits an unterschiedlichen stahldrahtverstärkten Aluminiumlegierungen (EN AW-5754, EN AW-6082 sowie EN AW-7020) den Einfluss eingebrachter äußerer Vorspannungen. Dabei wurde durch [Moe84a] ein experimentelles sowie numerisches Verfahren und in [Moe84b] ein zeichnerisches Verfahren vorgestellt, um die Verbundeigenspannungen von kontinuierlich verstärkten Verbundkörpern – ausgehend von den Zugverfestigungskurven des Verbundes und der Einzelkomponenten – zu bestimmen.
Zudem konnte durch [Wei05a] mittels Eigenspannungsmessungen an Inconel 610-seilverstärktem EN AW-6060 in Grenzflächennähe festgestellt werden, dass die durch das Abkühlen von Strangpresstemperatur auf Raumtemperatur verbleibenden Eigenspannungen betragsmäßig gering ausfallen.

2.3.3 Verhalten unter quasi-statischer Druckbeanspruchung

Das Versagensverhalten unidirektional verstärkter Verbundwerkstoffe unter Druckbeanspruchung ist aufgrund der Knickgefährdung stark vom Aspektverhältnis der Verstärkungselemente abhängig [Rös08]. Aufgrund der radialen Stützwirkung durch die Matrix erfolgt das Knicken des Verstärkungselementes allerdings erst bei höheren Spannungen in einem sinusförmigen Muster [Jel92] [Ros64] [Rös08]. Die Druckfestigkeit ergibt sich durch eine energiebasierte Betrachtung zwischen möglicher gleichmäßiger Kompression und dem Ausknicken des Verstärkungselementes [Rös08].

Die Schädigungsmechanismen von unidirektional faserverstärkten Polymeren [Bud93] [Dan96] sowie von Aluminiumlegierungen [Dèv97] [Sch93] [She85] unter Druckbeanspruchung beinhalten das Ausbeulen und das sogenannte Kinking (Mikroausbeulen [Jel92]), d. h. das Ausknicken der Fasern gefolgt vom Faserbruch. Dabei zeigt sich eine deutliche Abhängigkeit der ertragbaren Spannungen von der Faserausrichtung [Bud93] [Dan96] [Dèv97] [Sch93]. Des Weiteren stellte [Dèv97] an aluminiumoxidverstärktem Aluminium und an aushärtbaren Aluminiumlegierungen fest, dass höhere Streckgrenzen des unverstärkten Materials sowie eine kleinere Verfestigung (kleineres Streckgrenzenverhältnis) zur Erhöhung der Druckfestigkeit zu bevorzugen sind. Zudem ist ebenfalls eine höhere Grenzflächenfestigkeit zu favorisieren [Dèv97]. Dabei zeigt die von [Lan95] durchgeführte Gegenüberstellung der unterschiedlichen Schädigungsmechanismen bei faserverstärkten Polymermatrix-Verbunden, dass höhere Grenzflächenfestigkeiten bevorzugt zum Kinking und niedrigere Grenzflächenfestigkeiten zu einer Delamination führen.

[Daw78] untersuchte an Chrom-Nickel-Stahl-verstärktem Aluminium den Einfluss der Probenhöhe auf die Knickfestigkeit sowie die sich einstellenden Wellenformen. Hierbei zeigt sich eine sehr gute Übereinstimmung von (nach der Elastizitätstheorie) errechneter und gemessener Halbwellenlänge. Des Weiteren kann eine steigende Stützwirkung der Matrix mit zunehmender Probenhöhe festgestellt werden, wobei sich der Matrixeinfluss durch Weichglühen wiederum verringert [Daw78].

[She85] bestätigte, dass das Hauptversagen von parallel zur Verstärkungselementausrichtung druckbeanspruchtem wolframverstärktem Aluminium durch Ausbeulen erfolgt, wobei eine maximale Festigkeit bei einem Aspektverhältnis „Länge zu Breite“ von Flachproben von 2 ermittelt werden konnte.

Weitergehende Untersuchungen bezüglich des asymmetrischen Verhaltens zwischen Zug- und Druckbeanspruchung an diskontinuierlich verstärkten Aluminiummatrixverbunden wurden bereits von [Ars87] durchgeführt.

Untersuchungen bezüglich des Versagensverhaltens unter Druckbelastung an unidirektional 11 Vol.-% federstahldraht- sowie federstahlseilverstärktem EN AW-6060-T4 wurden bereits in [Wei06b] [Wei06c] angestellt. Dabei betrug das Aspektverhältnis 2. Abbildung 2.7 zeigt den Vergleich zwischen reinem Matrixmaterial und jeweils 11 Vol.-% federstahldraht- sowie federstahlseilverstärktem EN AW-6060-T4. Dabei ist ersichtlich, dass durch das Verstärkungselement eine Erhöhung der 0,2 %-Dehngrenze $R_{p0,2}$ erfolgt, die bei der drahtverstärkten Variante eine Erhöhung um ca. 200 % ergibt.

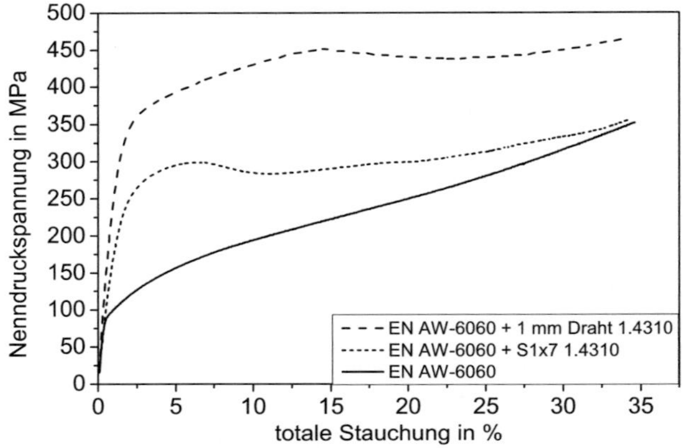

Abbildung 2.7: Spannungs-Stauchungs-Kurven für 11 Vol.-% federstahldraht- sowie federstahlseilverstärkte Proben im Vergleich zum unverstärkten Material [Wei06b] [Wei06c]

Im Gegensatz zum unverstärkten Material, das mit zunehmender Stauchung eine stetige Verfestigung aufweist, zeigen die Verbundproben einen Spannungsrückgang mit anschließender stetiger Verfestigung bis zum Versuchsabbruch. Das lokale Spannungsmaximum des drahtverstärkten Materials beträgt ca. 454 MPa bei einer Totalstauchung von ca. 15 %. Der Vergleich der Festigkeitswerte bei Versuchsabbruch bei einer Totalstauchung von ca. 35 % zeigt bei der seilverstärkten Variante lediglich eine geringe Zunahme der Druckfestigkeit, wohingegen die drahtverstärkte Variante eine um ca. 33 % höhere Festigkeit aufweist. Die qualitative Charakterisierung des Versagensverhaltens mittels mikrocomputertomographischer Aufnahmen zeigte ein Aufspleißen der Litzen bei den Seilverstärkungen sowie ein Ausknicken der Drahtverstärkungen. Des Weiteren zeigten metallographische Analysen an Querschliffen, dass die durch den Strangpressprozess resultierende Längspressnaht eine Dehnungsbehinderung darstellt, die bei unverstärkten Proben zu einer Ausbauchung senkrecht zu dieser führt [Wei06b] [Wei06c].

2.3.4 Ermüdungsverhalten metallischer Verbundwerkstoffe

Allgemein kann nach [Rös08] bei spannungskontrollierter Versuchsführung in Verstärkungsrichtung eine Erhöhung der Ermüdungsfestigkeit unidirektional verstärkter

Verbunde erfolgen, sofern der Elastizitätsmodul des Verstärkungselementes größer als der der Matrix ist, was in einer Spannungsreduktion innerhalb der Matrix resultiert. Demgegenüber kann sich die Ermüdungsfestigkeit bei dehnungsgeregelten Versuchen verringern [Rös08].

Da bei langfaserverstärkten Verbunden die Schubspannung am Verstärkungselementende am größten ist, spielt die durch die Schubspannung herrührende grenzflächennahe Spannungsüberhöhung und der damit einhergehende Schädigungsausgang eine eher untergeordnete Rolle im Vergleich zu ungerichteten faserverstärkten Verbunden [Rös08]. Ferner führt nach [Rös08] eine zugschwellende Versuchsführung zu einer höheren Lebensdauer, da hier kein Ausknicken und keine damit einhergehende Delamination erfolgt [Rös08]. So konnte unter anderem bereits durch [Toa87] eine vergleichbare Lebensdauer bei siliziumkarbidfaserverstärktem Aluminium (V_{VE} = 20 Vol.-%) bei der doppelten Belastung konstatiert werden.

Grundsätzlich kann als Maß der Schädigung, z. B. durch Risse, der Steifigkeitsverlust (bzw. ein Anstieg der Nachgiebigkeit) durch die Abnahme der Steigung während Zugentlastung (Tangentenmodul [Chr91]) herangezogen werden.

Bei Verbundwerkstoffen beinhaltet die hierbei quantifizierte Schädigung die Überlagerung von dem Risswachstum in der Matrix sowie der Delamination der Grenzfläche und von dem Verstärkungselementbruch [Cha06].

Zudem ist laut [Rös08] bei Faserverbundwerkstoffen eine Abnahme der Steifigkeit mit zunehmender Zyklenzahl und damit zunehmender Schädigung festzustellen, die – im Vergleich zum unverstärkten Material – bereits deutlich vor Versagen der Probe beobachtet werden kann. Somit kann bei der geschädigten Verbundprobe noch eine deutliche Restfestigkeit konstatiert werden [Rös08].

Ein auf den Steifigkeitsverlust bezogener Schädigungsparameter wurde bereits von [Bie02] [Kou01] [Llo91] erfolgreich auf partikelverstärkte Metallmatrix-Verbunde angewandt. [Joh89] untersuchte das Ermüdungsverhalten unidirektional borfaserverstärkter EN AW-6061 Metallmatrix-Verbunde. Die aus den Spannungs-Dehnungs-Daten extrahierten Kenngrößen umfassten, neben der Entlastungssteifigkeit im Zugbereich E_N, unter anderem den Sekantenmodul E_S, der aus dem Quotienten der Spannungsbreite $\Delta\sigma$ und der Dehnungsbreite $\Delta\varepsilon$ ermittelt wurde, siehe Abbildung 2.8. Des Weiteren wurde durch [Dvo80] der Steifigkeitsverlust auf das Langrisswachstum innerhalb des Matrixmaterials zurückgeführt.

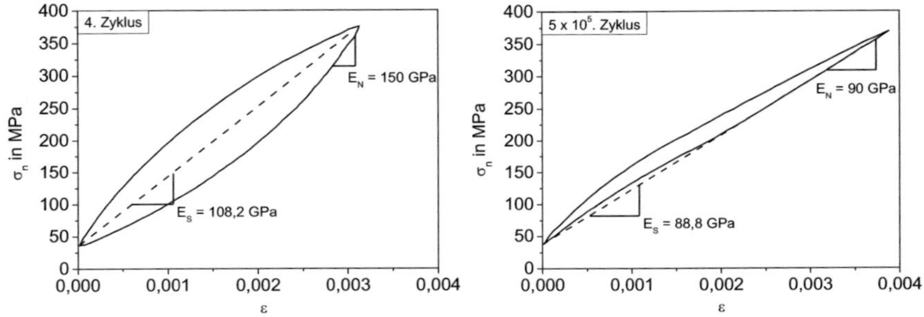

Abbildung 2.8: Hysteresen eines borfaserverstärkten EN AW-6061-Verbundes nach unterschiedlichen Zyklenzahlen nach [Joh89]

Das Schädigungsverhalten unidirektional verstärkter Metallmatrix-Verbunde kann nach [Joh89] in vier Kategorien eingeteilt werden. Es wird zwischen Matrix dominiertem, Verstärkungselement dominiertem, selbst-ähnlichem Versagen und Grenzflächen dominiertem Versagen unterschieden [Joh89]. So wurden bereits von [Ham66] bei wolframfaserverstärktem Kupfer unterschiedliche Schädigungsmechanismen festgestellt. Diese stellen sowohl ausgehend von der Faserbruchstelle in der Matrix weiterwachsende Risse als auch innerhalb der Matrix initiierte Risse dar, die bis zur Grenzfläche wachsen und zum Faserbruch führen. Zudem wurde ein Umgehen des Risses um die Faser festgestellt [Ham66]. Weitergehende Untersuchungen bezüglich des Einflusses der Variation der Herstellbedingungen sowie der Wärmebehandlungsparameter auf das Schädigungsverhalten von unidirektional stahldrahtverstärktem Silber unternahmen [Ros82a] [Ros82b]. Hierbei konnte gezeigt werden, dass sich bei vorverformter, nichtrekristallisierter Matrix ein einzelner Riss innerhalb der Matrix ohne Ablenkung in die Faser ausbreitet. Durch eine rekristallisierte Matrix und die damit einhergehenden großen Unterschiede in der Festigkeit zwischen Faser und Matrix zeigte sich eine Mehrfachrissinitiierung innerhalb der Matrix sowie eine lediglich minimale Schädigung des Verstärkungselementes. Eine unter oxidierender Atmosphäre durchgeführte Wärmebehandlung führte zur Bildung spröder oxidischer Phasen in Grenzflächennähe. Die dabei erfolgte Rissinitiierung an der Grenzfläche bewirkte eine Ablenkung der in der Matrix entstandenen Risse von der Faser.

Nach [Bak66b] erfolgte bei kontinuierlich stahldrahtverstärktem Aluminium das Risswachstum entlang der Verstärkungselement-Matrix-Grenzfläche. Durch die Bildung einer intermetallischen Verbindung an der Grenzfläche konnte dieser Effekt mi-

nimiert werden. Die Erhöhung der Grenzflächenhaftung wurde auf die Erzeugung einer irregulär aufgebauten Schicht zurückgeführt [Bak66b].
[Bak66a] entwickelte ein Modell unter Annahme eines Verstärkungsgehaltes von 50 Vol.-% und gleichem Elastizitätsmodul für Faser und Matrix unter Vernachlässigung der Matrixverfestigung sowie des Bauschinger-Effekts [Kel65a] [Och94]. Dabei konnte festgestellt werden, dass bei reiner Zugschwellbeanspruchung des Verbundes durch Rückverformung eine Druckbelastung in der Matrix sowie eine Zugbelastung im Verstärkungselement induziert wird [Bak66a].
In [Sch06] [Wei06c] [Wei07] wurden Untersuchungen an 11 Vol.-% federstahldraht- und federstahlseilverstärktem sowie kobaltbasisdrahtverstärktem EN AW-6060-T4 unter wechselnder, kraftkontrollierter Beanspruchung durchgeführt. Dabei zeigte sich, dass grundsätzlich eine Lebensdauerzunahme für die drahtverstärkten Verbunde und eine Erhöhung der 10^7-Wechselfestigkeit um 15 MPa im Vergleich zum unverstärkten Material ($R_{W/10^7}$ = 80 MPa) zu konstatieren ist, siehe Abbildung 2.9.

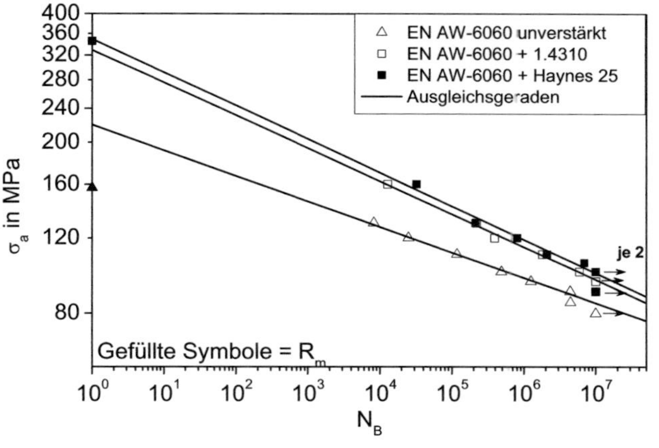

Abbildung 2.9: Spannungswöhlerkurven des Werkstoffsystems EN AW-6060 mit 11 Vol.-% Federstahldraht mit unbehandelter und geschliffener Oberfläche im Vergleich zum unverstärkten Material nach [Wei06c] [Wei07]

Der Seilverbund zeigt dagegen eine geringere Wechselfestigkeit, die durch die von den Litzenwindungen verursachte Kerbwirkung im Matrixmaterial und die damit verbundene Schädigungsinitiierung an der Grenzfläche erklärt werden kann [Wei07].

Dagegen erfolgte die Rissausbreitung der drahtverstärkten Verbunde von der Probenoberfläche aus und bei Erreichen der Grenzfläche fand eine Delamination statt [Rie09] [Sch06]. Nach Bruch der Matrix erfolgte die Ermüdung des Verstärkungselementes [Rie09].

Bei [Ham10] [Thi09] wurden rein wechselnde, kraftkontrollierte Ermüdungsversuche an 11 Vol.-% verstärkten eisenbasis- sowie kobaltbasisverstärkten, aushärtbaren Aluminiumknetlegierungen EN AW-6056 und EN AW-2099 durchgeführt. Die sich nach dem Verbundstrangpressen anschließende thermische und mechanische Behandlung umfasste das Lösungsglühen, die Wasserabschreckung, das Recken und das Warmauslagern. Bei allen Werkstoffsystemen konnte eine Erhöhung der Lebensdauer und der Wechselfestigkeit durch den Einsatz des Verstärkungselementes konstatiert werden. Die Rissinitiierung verstärkter Proben erfolgte aufgrund der schlechten Grenzflächeneigenschaften ausgehend von der Grenzfläche [Ham10] [Thi09].

Lebensdauerabschätzung unidirektional verstärkter Aluminiumverbunde

[Moe82] leitete ausgehend von der Wöhlerlinie des unverstärkten Materials ein Verfahren zur Bestimmung der Wöhlerlinien unter Einbezug der Vorspannung für pressgeschweißte 11 Vol.-% verstärkte EN AW-6082-F32 Verbundproben her. Dabei wurden zudem die Kerbwirkungszahl [Rad07] sowie das Spannungsverhältnis der aufgeprägten Matrixspannung zur Belastungsspannung innerhalb der Matrix miteinbezogen.

Eine weitere Methode zur Abschätzung der Wechselfestigkeit unidirektional verstärkter Aluminiumverbunde wurde durch [Sch06] [Wei06c] [Wei07] genutzt. Dabei wurde zunächst per Laststeigerungsverfahren [Sch97] die zyklische Spannungs-Dehnungs-Kurve (ZSD) sowohl an unverstärktem EN AW-6060-T4 als auch an Verbunden verstärkt mit Federstahldraht unterschiedlicher Oberflächenbeschaffenheiten, mit Federstahlseil und mit Kobaltbasisdraht bestimmt. Nach [Mor64] lässt sich die ZSD durch einen Potenzansatz annähernd beschreiben, wobei die hier ermittelten Exponenten in die empirische Lebensdauerprognose nach [Bas10] implementiert wurden. Dabei wurde der Ermüdungskoeffizient σ'_B der Basquin-Gleichung annähernd als gleich der quasi-statisch ermittelten Zugfestigkeit angenommen. Durch die Abschätzung der Wechselfestigkeit konnte für die Drahtverbunde eine Abweichung vom gemessenen Wert von ca. 15 % festgestellt werden. Die Wechselfestigkeit des Seilverbundes wurde mit ca. 60 % deutlich überschätzt [Wei07].

2.3.5 Zyklisches Rissausbreitungsverhalten

Im Folgenden soll das Verhalten unidirektional verstärkter rissbehafteter Werkstoffe genauer beschrieben werden. [Rit99] gibt einen guten Überblick der in duktilen Materialien auftretenden Rissausbreitungsmechanismen, wobei zwischen intrinsisch (rissspitzennah) und extrinsisch unterschieden wird. Im Folgenden wird auf die extrinsischen Mechanismen hinter der Rissfront detaillierter eingegangen, die schematisch in Abbildung 2.10 dargestellt sind [Eva89].

Nach [Cha06] [Rös08] hat das Verstärkungselement innerhalb einer Matrix die Funktion, die Bruchzähigkeit zu erhöhen bzw. die Rissausbreitung zu behindern. Zunächst erfolgt das Risswachstum bis zum Erreichen des Verstärkungselementes, wobei dieses nicht spröde brechen darf. Bei einer genügend kleinen Grenzflächenhaftung erfolgt das Risswachstum entlang der Grenzfläche (Delamination), bedingt durch den im Nahfeld der Rissspitze vorliegenden mehrachsigen Spannungszustand in Rissausbreitungsrichtung (radiale Richtung in Verstärkungselementnähe) [Och94].

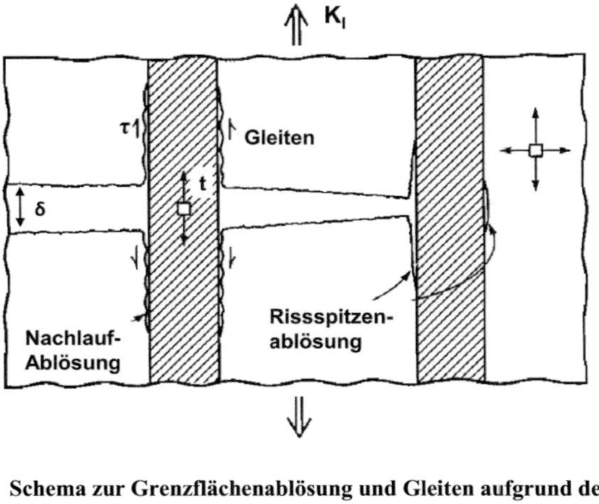

Abbildung 2.10: Schema zur Grenzflächenablösung und Gleiten aufgrund des Risswachstums innerhalb der Matrix nach [Eva89]

Des Weiteren erfolgt eine Erhöhung des makroskopischen Risswiderstandes aufgrund einer Verlängerung des Risspfades durch Grenzflächenablösung, Rissumleitung, Verstärkungselementüberbrückung sowie -Pull-Out [Cha06] [Kai06] [Rös08].

Die Rissüberbrückung führt zu einer Reduktion der Rissöffnung und damit ebenfalls zu einer Reduktion der Spannungen an der Rissspitze, was in einem Spannungsmaximum in den Verstärkungselementen resultiert [Rös08]. Übersteigt die Spannung die Zugfestigkeit des Verstärkungselementes, kommt es zu dessen Bruch, was zu einer Erhöhung der Rissöffnung δ führt.
Beispielhaft zeigt Abbildung 2.11 den Vergleich des zyklischen Rissausbreitungsverhaltens von unverstärktem sowie siliziumkarbidfaserverstärktem EN AW-6061 bei einem Lastverhältnis von R = 0,1 [Ven93].
Dabei ist eine Erhöhung des Risswachstumswiderstandes zu verzeichnen, die laut [Ven93] durch Delaminationsprozesse und durch die Rissableitung – resultierend aus der relativ schwachen Grenzflächenhaftung des Verbundes mit kohlenstoffbeschichteten Fasern – begründet wird.

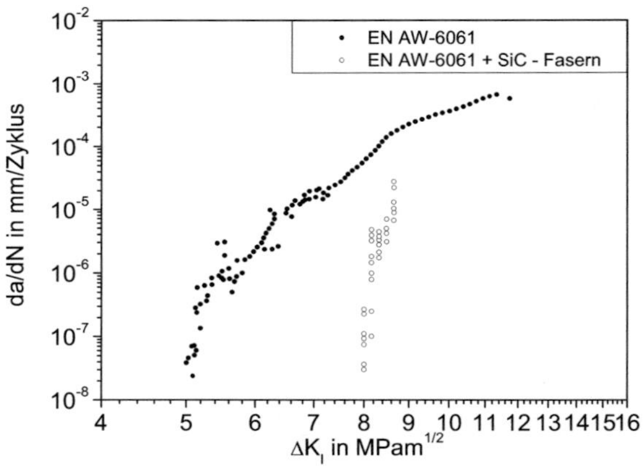

Abbildung 2.11: Rissausbreitungsverhalten von siliziumkarbidfaserverstärktem EN AW-6061 im Vergleich zum unverstärkten Material [Ven93] nach [Cha06]

Untersuchungen zum Rissöffnungsverhalten faserverstärkter Verbunde, dem sogenannten Bridging, wurden von [Bud86] [Mar85] [McM90] durchgeführt. Die darin aufgeführten Überlegungen beruhen auf zyklischen, rein zugschwellenden Pull-Out-Versuchen. Dabei wurde für die in Abbildung 2.10 gezeigte Rissöffnung δ (bzw. die Pull-Out-Verschiebung) in Abhängigkeit der im Verstärkungselement vorherrschenden variierenden Spannung σ_{VE} folgender Zusammenhang für das erste Öffnen mit Pull-Out (1) aufgestellt [McM90], siehe Abbildung 2.12:

$$\delta' = \frac{d \cdot (1 - V_{VE}) \cdot E_M \cdot \sigma_{VE}^2}{4 \cdot E_V \cdot E_{VE} \cdot \sigma_{deb} \cdot V_{VE}^2}$$ **Gleichung 2.14**

Das nachfolgende Rissschließen *δ*“ (2) ergibt sich aus:

$$\Delta\delta'' = -\frac{d \cdot (1 - V_{VE}) \cdot E_M \cdot \left(\sigma_{VE,max} - \sigma_{VE}\right)^2}{8 \cdot E_V \cdot E_{VE} \cdot \sigma_{deb} \cdot V_{VE}^2}$$ **Gleichung 2.15**

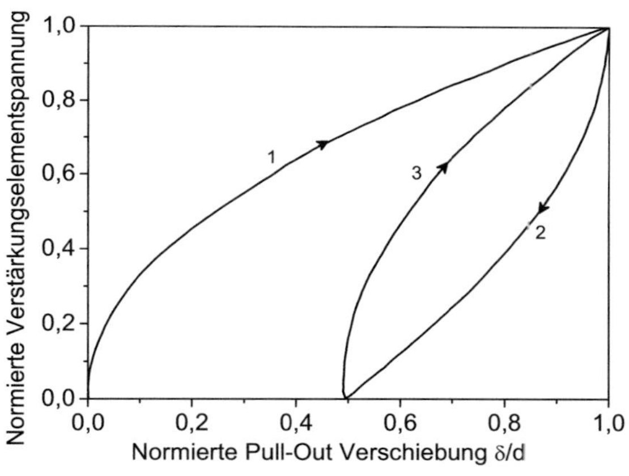

Abbildung 2.12: Rissöffnen und Rissschließen nach [McM90] [Wal94]

Bei Wiederbelastung ergibt sich für die Rissöffnung *δ*‘‘‘ (3):

$$\Delta\delta''' = \frac{d \cdot (1 - V_{VE}) \cdot E_M \cdot (\sigma_{VE} - \sigma_{VE,min})^2}{8 \cdot E_V \cdot E_{VE} \cdot \sigma_{deb} \cdot V_{VE}^2}$$ **Gleichung 2.16**

Dabei kennzeichnet d den Durchmesser des Verstärkungselementes, E die Elastizitätsmoduln der Matrix (M), des Verstärkungselementes (VE) sowie des Verbundes (V). Zudem stellt V_{VE} den Verstärkungsanteil und σ_{deb} die Grenzflächenscherfestigkeit dar.

Darauf aufbauende Untersuchungen durch [Wal94] ergaben, dass es durch die wiederholte Beanspruchung zu einer reibungsbedingten Degradation der Grenzfläche kommt. Dabei fand eine Modifikation der gezeigten Gleichungen durch Einbezug der mit zunehmender Zyklenzahl abnehmenden Grenzflächenscherfestigkeit statt.

2.4 Anwendung der Schallemissionsanalyse

2.4.1 Einleitung

Die Schallemissionsprüfung (Acoustic Emission Testing – AT [DIN08b]) fällt unter die zerstörungsfreie Prüfung trotz der Notwendigkeit von Verformung und Schädigung [Gro08] und stellt damit ein passives, rezeptives und dynamisches Verfahren zur Messung von Ultraschallimpulsen im Moment des Entstehens dar [Val03]. Anwendung findet sie vor allem in der Qualitätsprüfung von Druckbehältern und in der Seismologie [Eis96] [Val03].
Ein Schallemissionsereignis (Event) entsteht innerhalb eines Bauteils durch seine äußere Belastung aufgrund des Freisetzens elastisch gespeicherter Energie als Schallwelle [Val03]. Zu den Quellen dieser Energiefreisetzungen zählen unter anderem Versetzungsgleiten, Zwillingsbildung, Risswachstum, Rissuferreibung und Verstärkungselementbruch [Hei87a] [Hei87b] [Scr87]. Erste Untersuchungen bezüglich der beim Zugversuch auftretenden Geräusche wurden von [För36] und [Kai50] an Stählen durchgeführt. Der Bewegungsvorgang bei Metallen ist breitbandiger Natur innerhalb des Ultraschallbereiches um ca. 50 kHz - 3 MHz [Kol80a] [Val03]. Nach [Kai50] treten bei einer vorbeanspruchten Probe erst wieder signifikante Schallemissionen bei Erreichen der vorher aufgebrachten Last auf (Kaiser-Effekt) [Kai50] [Ten04].
Die sich durch das Bauteil ausbreitende elastische Welle kann mittels geeigneter piezoelektrischer Sensoren an der Oberfläche aufgenommen werden [Eis96] [Kol80a] [Val03]. Dabei wird zwischen Breitbandsensoren mit einer relativ geringen, jedoch über einen relativ großen Frequenzbereich konstanten Empfindlichkeit und resonanten Sensoren mit spezifischen Empfindlichkeiten unterschieden [Gro06] [Gro08]. Breitbandsensoren eignen sich insbesondere zur Bestimmung der Stör- und Hintergrundgeräusche, wohingegen resonante Sensoren für die Störgeräuschausblendung geeignet sind [Kol80b]. Die Qualität der Sensorankopplung ist abhängig vom verwendeten Koppelmittel, das weder die Oberfläche der Probe noch die des Sensors angreifen soll

[Kra86] [Val03]. Das aufgenommene Signal wird mittels Vorverstärkern (Gain) verstärkt und anschließend an einen Rechner weitergeleitet.
Allgemein wird zwischen kontinuierlichen Signalen ohne erkennbaren Beginn und erkennbares Ende unterschieden, die beispielweise durch Versetzungsbewegung hervorgerufen werden und transienten (Burst-) Signalen, die aus dem Rissfortschritt und der Zwillingsbildung resultieren [Kol80a] [Lot81].
Abbildung 2.13 zeigt schematisch einige Merkmale eines transienten Signals anhand eines Amplituden-Zeit-Diagramms [Val03].

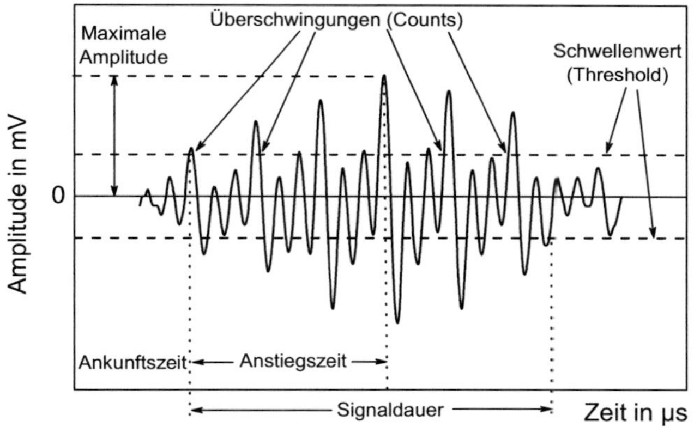

Abbildung 2.13: Merkmale eines transienten (Burst) Signals nach [Gro08] [Val03]

Dabei wird zunächst ein geeigneter Schwellenwert (Threshold – Thr) vom Anwender eingestellt, der oberhalb der Stör- bzw. Umgebungsgeräusche festgelegt werden soll [Kol80b]. Bei Überschreiten dieses Schwellenwertes in negativer sowie in positiver Richtung wird der Beginn des sogenannten Hits definiert. Dabei wird die absolute Ankunftszeit für die Ortungsbestimmung benötigt [Val03]. Die Signaldauer (Duration Time – DT) wird durch die erste Überschreitung (Count – C) und die letzte Unterschreitung des Schwellenwertes definiert. Aufgrund der hohen Signaldatenmenge erfolgt hinsichtlich der Aussagefähigkeit eine statistische Verteilung der Schallemissionsmerkmale. Die aus der Wellenform eines Hits extrahierbaren Merkmale sind z. B. die Anzahl der Schwellenwertüberschreitungen und die Anstiegszeit bis zur Maximalamplitude (Rise Time – RT), die üblicherweise in Dezibel angegeben wird

[Val03]. Die Energie entspricht dem Integral des quadrierten Spannungsverlaufs über der Signaldauer. Der Root Mean Square (RMS) steht für den Effektivwert des zwischen zwei Hits auftretenden Hintergrundgeräuschs [Val03].

Die Duration Discrimination Time (DDT) stellt die festzulegende Zeit nach Unterschreiten bis zum nächsten Überschreiten des Schwellenwertes dar und definiert somit das Ende eines Hits. Zudem legt die Rearm Time (RAT) die Zeit fest, nach der der nächste Datensatz aufgezeichnet werden soll. Beide Kenngrößen haben somit Einfluss auf die Anzahl der detektierten Hits [Val03].

Eine Fourier-Transformation [Boy00] ermöglicht eine detaillierte Analyse des Frequenzspektrums möglich [Gro06].

Nach [Val03] gehören Hits mit weniger als 3 Counts und einer Dauer kleiner als 3 µs sowie einer Anstiegszeit von weniger als 1 µs zu den Störsignalen. Bursts niedriger Amplitude und von großer Dauer weisen dagegen auf Reibgeräusche hin [Lot81] [Val03].

Die Ortung erfolgt über den Laufzeitunterschied Δt der von unterschiedlichen Sensoren empfangenen Signale. Die lineare Ortung zwischen zwei an den Stellen x_1 und x_2 positionierten Sensoren erfolgt bei Kenntnis der materialabhängigen [Gro08] Schallgeschwindigkeit v wie folgt [Kol80b]:

$$x_{lok} = \frac{x_1 + x_2 - v \cdot \Delta t}{2}$$ **Gleichung 2.17**

Die maximale theoretische Genauigkeit dx ist von der Abtastrate des Aufnahmegerätes sowie von der Schallgeschwindigkeit im jeweiligen Probenmaterial abhängig [Kol80a] [Val03].

$$dx = \frac{\text{Schallgeschwindigkeit } [\frac{m}{s}]}{\text{Abtastrate } [\text{Hz } \left(\frac{1}{s}\right)]}$$ **Gleichung 2.18**

Für die planare, zweidimensionale Ortung sind mindestens drei Sensoren nötig [Gro08]. Die Genauigkeit der Ortung wird von verschiedenen Faktoren beeinflusst wie z. B. der Überlagerung unterschiedlicher Quellen (inkl. Störquellen) oder zu rascher Emission, was dazu führen kann, dass die Signale nicht als eigenständiger Hit erkannt werden können [Val03]. Des Weiteren ist die Art und die Anzahl der auftre-

tenden Wellenmoden entscheidend für die Ortungsgenauigkeit. Dabei treten bei realen Bauteilen mehrere Wellenmoden wie Longitudinal-, Transversal-, Rayleigh- (Oberflächenwellen) oder Lamb-Wellen (Platten) auf [Kra86]. Diese verändern somit die Ankunftszeit und führen zu einer Herabsetzung der Ortungsgenauigkeit. Lamb-Wellen treten innerhalb von Bauteilen auf, deren Abmessungen kleiner als die Wellenlänge sind, und existieren als symmetrische und asymmetrische Wellen [Kra86]. Bei diesen Wellen kommt es zur Dispersion, d. h. zu einer frequenzabhängigen Schallgeschwindigkeit, was Laufzeitmessungen erschwert. Der einfachste Fall entspricht einer kugelförmigen Ausbreitung in homogenen, isotropen, unendlich ausgedehnten, dämpfungsfreien sowie linear elastischen Materialien [Kol80a]. So muss innerhalb von realen Materialien durch Vorhandensein von freien Oberflächen, Unstetigkeiten, Anisotropien, Inhomogenitäten, Dämpfung und durch die Richtcharakteristik der Schallquelle mit Ortungsungenauigkeiten gerechnet werden [Val03]. Zusätzlich kommt es zu Reflexionen bzw. Streuungen und einer richtungsabhängigen Intensität [Kol80a] [Lot81] der Schallsignale an Übergängen wie z. B. Grenzflächen, Rissflanken oder Poren. Zudem erfolgt eine Dämpfung bzw. Absorption der Amplitude des Schallsignals innerhalb des Bauteils, abhängig von der Distanz zum nächsten Sensor [Kra86].
Damit steht eine genaue Kenntnis der aufzunehmenden Daten und der Unterscheidung zwischen Störgeräusch und eigentlichem Signal im Vordergrund. Erst eine detaillierte Auseinandersetzung mit den gemessenen Schallsignalen gewährleistet eine Filterung der Daten durch die Wahl der eingesetzten resonanten Sensoren, der Verstärkung, des Schwellenwertes und der Frequenzfilter [Val03].

2.4.2 Schallemission unter quasi-statischer und zyklischer Belastung von metallischen Werkstoffen

Die Untersuchung der unter Zugbeanspruchung auftretenden Schallemissionen an Aluminium und Aluminiumlegierungen erfolgte bereits durch [Bar79] [Cou83] [Ham77] [Kie76] [Scr81]. So registrierte [Bar79] an EN AW-6061 bei Einsetzen der plastischen Verformung einen steilen Anstieg der detektierten Schallemissionen, deren Aktivität mit zunehmender Dehnung in eine Sättigung lief, wobei keine Detektion der Einschnürung und des Bruchs erfolgten. Des Weiteren registrierte [Ham77] an EN AW-2124 mittels des RMS-Wertes eine Schallemissionsaktivität innerhalb des elastischen Bereiches mit einem nach der Streckgrenze auftretenden Maximum. Laut

[Hei87a] ist die Plastifizierung des Materials nicht zwangsläufig durch eine hohe Schallemissionsaktivität registrierbar, da dies nicht nur von der Dichte der Versetzungen, sondern auch von deren Laufwege und Geschwindigkeit abhängt.
[Hua98] gibt einen Überblick der Anwendung der Schallemissionsanalyse bei Ermüdungs- und Rissausbreitungsuntersuchungen.
Durch die in [Fan94] angestellten Untersuchungen bezüglich der Ermüdung von Incoloy 901 unter rein wechselnder Beanspruchung erfolgte eine Quantifizierung der kumulierten Schwellenwertüberschreitungen, siehe Abbildung 2.14.

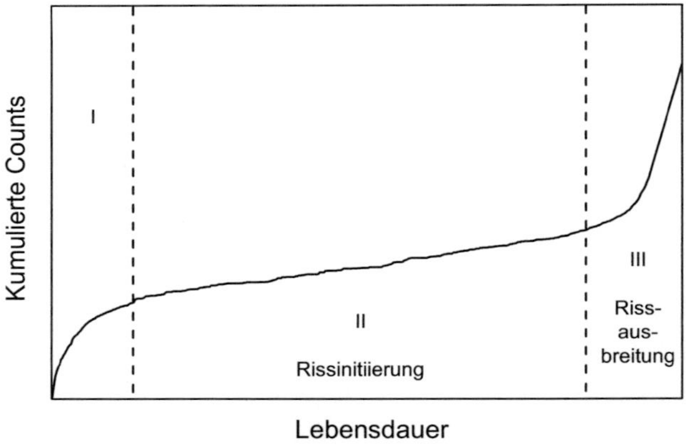

Abbildung 2.14: Akustische Schadensakkumulation in Abhängigkeit von der Lebensdauer nach [Fan94]

Der innerhalb von Bereich I gezeigte Anstieg in der Schallemissionsaktivität ist auf die Versetzungsmultiplikation zurückzuführen. Der Bereich II beinhaltet die Rissinitiierung resultierend in einem relativ geringen Anstieg der kumulierten Counts, was durch die Versetzungsmultiplikation sowie -annihilation bedingt ist. Der Bereich III läutet das Makrorisswachstum ein, wobei der progressive Anstieg auf die Reibung der Rissflächen zurückgeführt werden kann [Fan94]. Das Modell berücksichtigt darüber hinaus die Abhängigkeit der Schallemissionsaktivität von der Belastungsamplitude, dem Belastungsverhältnis R sowie von schallemissionstechnischen Größen wie dem Schwellenwert und der Verstärkung [Fan94].

Des Weiteren konnte durch den Einsatz der Schallemissionsanalyse bei zyklischen Rissausbreitungsversuchen ein Zusammenhang zwischen der Schwingbreite des Spannungsintensitätsfaktors und der Countrate in Anlehnung an die Paris-Beziehung [Par61] von [Har73] [Lee96] [Mor73] an Aluminiumlegierungen sowie von [Ber95] [Har73] [Rob03a] [Rob03b] an unterschiedlichen Stählen aufgezeigt werden.
Zudem zeigte [Har73] eine mit zunehmender Risslänge ansteigende Countzahl, analog zu Abbildung 2.14, Bereich III.

2.4.3 Schallemission an Verbundwerkstoffen

Ein kurzer Überblick zur Anwendung der Schallemissionsanalyse an Verbundwerkstoffen wird durch [Ham85] gegeben. In [Pac98] wurden Untersuchungen bezüglich der quasi-statischen Eigenschaften von langfaserverstärkten EN AW-6061 mit gekoppelter Schallemissionstechnik durchgeführt. Dabei konnte innerhalb der akustisch detektierten Signale zwischen der Versetzungsbewegung im Matrixmaterials sowie dem zusätzlichen Bruch der Verstärkungselemente unterschieden werden. Darüber hinaus wurde eine Merkmalsextraktion bezüglich der gemessenen Maximalamplituden durchgeführt, die allerdings keine aussagekräftigen Ergebnisse lieferten. [Ros08] untersuchte unidirektional aluminiumoxidfaserverstärktes Aluminium unter quasi-statischer Beanspruchung mit gekoppelter Schallemissionsanalyse. Dabei wurde die Ereignisrate gegen die Beanspruchung aufgetragen. So konnte mittels der linearen Ortung der Bruch durch ein Clustering (Anhäufung) bezüglich der detektierten Maximalamplituden über der Beanspruchung lokalisiert werden.
Untersuchungen zur Schädigungsentwicklung in aluminiumoxidpartikelverstärktem EN AW-6061 unter dehnungskontrollierter Ermüdungsbeanspruchung wurden in [Bie02] unter Anwendung der Schallemissionstechnik durchgeführt. Bei Versuchsbeginn konnte ein Abfall der Schallemissionsintensität mit zunehmender Lastspielzahl konstatiert werden. Zudem wurde eine höhere Schallemissionsenergie bei höheren Dehnungsamplituden und mit zunehmender Nachgiebigkeit der Probe eine Zunahme der kumulierten Schallemissionsereignisse festgestellt. Außerdem konnte zu Beginn der Versuche das Brechen der Partikel schallemissionstechnisch ermittelt werden. Die weitergehende, lediglich leicht ansteigende Schädigungsrate führte zu einem Abfall der Schallemissionsereignisse pro Zyklus.

3 Versuchswerkstoffe und Probengeometrien

3.1 Versuchswerkstoffe

3.1.1 Matrixwerkstoff

Als Matrixwerkstoff wurde die aushärtbare und mittelschwer strangpressbare [Bau01] Aluminiumknetlegierung EN AW-6082 (AlMgSi1) verwendet. Die chemische Zusammensetzung der Pressblöcke wurde per Spektralanalyse bestimmt und ist in Tabelle 3.1 aufgelistet. Die gemessenen Werte liegen innerhalb der von [DIN09] vorgegebenen Grenzen.

Tabelle 3.1: Chemische Zusammensetzung von EN AW-6082 (in Ma.-%)

	Si	Fe	Cu	Mn	Mg	Cr	Zn	Ti	Al
Gem.	0,91	0,229	0,031	0,451	0,65	0,044	0,028	0,018	Rest
[DIN09]	0,7 - 1,3	0,5	0,1	0,4 - 1	0,6 - 1,2	0,25	0,2	0,1	Rest

3.1.2 Verstärkungselement

Als Verstärkungselement kam der Federstahldraht 1.4310 (X10CrNi18-8) der Firma Vogelsang-Edelstähle mit einem mittleren Durchmesser von 1 mm zum Einsatz. Die durch den Hersteller angegebene chemische Zusammensetzung (die zur Einstellung eines austenitischen Gefüges führt) des Federstahldrahtes ist in Tabelle 3.2 angegeben. Diese stimmt mit den von [DIN05] vorgegebenen Grenzen überein.

Tabelle 3.2: Chemische Zusammensetzung von 1.4310 (in Ma.-%)

	C	Si	Mn	P	S	Cr	Ni	Mo	N	Fe
Gem.	0,074	0,52	0,93	0,034	0,002	18,2	8,3	0,43	0,043	Rest
[DIN05]	0,05 - 0,15	≤ 2	≤ 2	0,045	≤ 0,015	16 - 19	6 - 9,5	≤ 0,8	≤ 0,11	Rest

3.1.3 Verbundstrangpressprofile EN AW-6082 + 1.4310

Die Profile wurden auf einer Kurzhub-Strangpresse der Firma SMS Eumuco mit einer Maximalstempelkraft von 10 MN am Institut für Umformtechnik und Leichtbau (IUL) der Technischen Universität Dortmund verpresst [Kle04]. Das Gesamtpressverhältnis betrug bei den hergestellten 40 x 10 mm²-Rechteckprofilen 42:1. Im Falle der verstärkten Profile lagen die vier Verstärkungselemente mittig im Profil, siehe Abbildung 3.1, wobei der Verstärkungsgehalt ca. 0,79 Vol.-% beträgt.

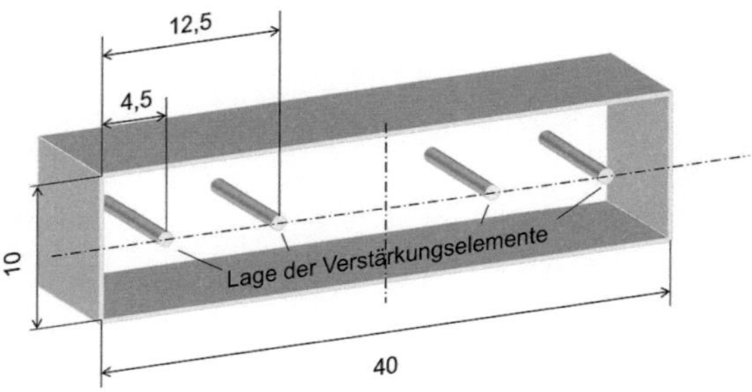

Abbildung 3.1: Skizze des 40 x 10 mm²-Profils mit den Lagen der eingebetteten Verstärkungselemente (Angaben in mm)

Die Profile wurden bei einer Stempelgeschwindigkeit von 1 mm/s hergestellt. Die anfängliche Blockeinsatztemperatur betrug ca. 500 °C, die Werkzeugsolltemperatur ca. 420 °C und die Rezipientensolltemperatur lag bei ca. 450 °C. Die Zuführung der Verstärkungselemente erfolgte unter 90° zur Strangpressrichtung. Nach dem Strangpressen erfolgte eine Abkühlung durch ein Luftgebläse am Pressmaul, kombiniert mit zwei Ventilationskühltischen und ein sich daran anschließendes Kaltauslagern bei Raumtemperatur, sodass nach [DIN08a] [Ost07] der Wärmebehandlungszustand T4 vorlag. Da bei der verwendeten abschreckempfindlichen Aluminiumknetlegierung EN AW-6082 eine Luftabschreckung eventuell unzureichend sein kann [Ost07], wird der eingestellte Wärmebehandlungszustand im Folgenden als T4 (F) bezeichnet. Der querpressnahtbehaftete Anfangsbereich der Profile wurde nach dem Pressprozess entfernt.

Um eine Erhöhung der absoluten und spezifischen Festigkeit von verstärkten (v) und unverstärkten (uv) Proben zu erreichen, wurde eine separate T6-Wärmebehandlung (Lösungsglühen, Abschrecken mit Wasser, Warmauslagern) an den im nachfolgenden Abschnitt gezeigten Probengeometrien (Abbildung 3.2-Abbildung 3.5) durchgeführt. Dies erfolgte mittels Widerstandsöfen mit integrierter Temperaturregelung, wobei die Lösungsglühtemperatur von 530 °C für ca. eine Stunde konstant gehalten wurde. Anschließend erfolgte die Abschreckung mit Wasser mit einer daran anknüpfenden Warmauslagerung bei einer Temperatur von ca. 190 °C für fünf Stunden [Git07] [Ree09].

Die Proben für die Ermüdungsversuche stammen aus einer separaten Charge, wobei lediglich zwei Verstärkungselemente auf einer Hälfte des 40 x 10 mm²-Profils eingebettet wurden. Dabei lagen die anfängliche Blockeinsatztemperatur bei 570 °C und die Werkzeugsolltemperatur bei ca. 400 °C. Die restlichen Herstellparameter entsprachen den oben abgegebenen Werten.

3.2 Probengeometrien

Gegenstand der Untersuchungen ist die als 40 x 10 mm²-Profil verbundstranggepresste, federstahldrahtverstärkte Aluminiumknetlegierung EN AW-6082. Aufgrund des

insgesamt niedrigen Verstärkungsgehaltes wurde dieser durch Verwendung der nachfolgenden Probengeometrien für die Materialcharakterisierung eingestellt.
Die Verbundproben wurden randnah und die unverstärkten Referenzproben aus der Mitte des 40 x 10 mm²-Profils entnommen. Die Belastungsrichtung aller Proben erfolgte in Strangpress- bzw. in Verstärkungselementrichtung.
Zur statistischen Absicherung wurden bei den Zug- und Druckversuchen jeweils drei Proben sowie zwölf Proben bei den Push-Out-Versuchen untersucht. Bei den Ermüdungsversuchen betrug die Probenanzahl drei pro Lasthorizont.

3.2.1 Proben für die Grenzflächencharakterisierung

Die Push-Out-Proben mit einer Dicke von 1 mm wurden aus dem Strangpressprofil mechanisch mit einer Präzisionstrennmaschine (Struers - Accutom) entnommen und entgratet, um eine flache Probenauflagerung der ca. 10 x 10 mm² großen Auflagefläche zu gewährleisten.

3.2.2 Proben für die Zugversuche

Die Zugprobengeometrie zur Ermittlung der mechanischen Kennwerte mit variierendem Verstärkungsanteil ist in Abbildung 3.2 dargestellt.

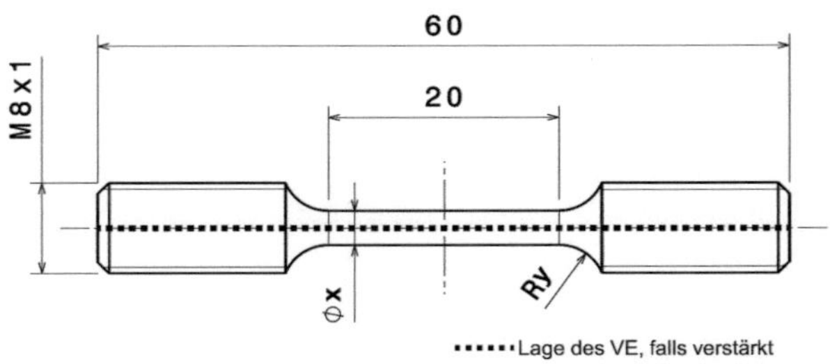

Abbildung 3.2: Probengeometrie für die Zugversuche mit variierendem Verstärkungsanteil und Gewindeeinspannung

Dabei handelt es sich um zylindrische Proben mit mittig liegendem Verstärkungselement und Gewindeköpfen für eine formschlüssige Einspannung, wobei der hier ge-

zeigte Probendurchmesser x sowie der Übergangsradius y abhängig vom Verstärkungsanteil variiert wurden.
Tabelle 3.3 gibt einen Überblick der unterschiedlichen Probendurchmesser x mit variierendem Verstärkungsanteil V_{VE}.

Tabelle 3.3: Variation des Probendurchmessers mit zugehörigem Verstärkungsanteil

	unverstärkt	verstärkt							
Proben-Ø x in mm	3,0	5,5	5,0	4,1	3,5	3,0	2,5	2,2	2,0
V_{VE} in Vol.-%	0,0	3,3	4,0	6,0	8,2	11,1	16,0	20,7	25,0

Die Probengeometrie für die Untersuchungen unter quasi-statischer Zugbeanspruchung gekoppelt mit der Schallemissionsanalyse ist in Abbildung 3.3 dargestellt. Dabei wurden zylindrische unverstärkte sowie 11,1 Vol.-% verstärkte Proben mit Klemmköpfen für eine kraftschlüssige Einspannung untersucht.

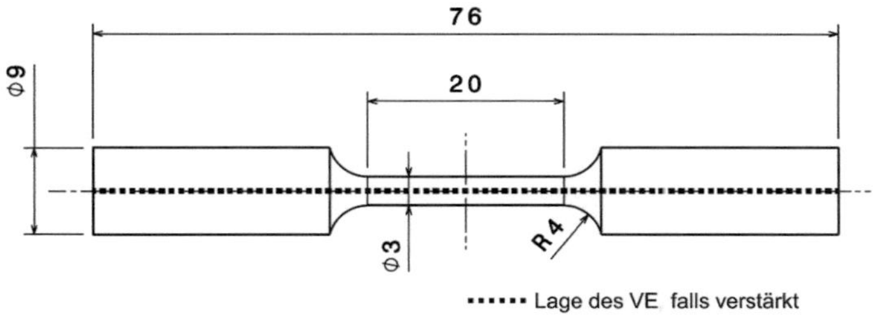

Abbildung 3.3: Probengeometrie für die Zugversuche mit Klemmeinspannung

Zur besseren Positionierung der piezoelektrischen Schallemissionssensoren wurden die Zentrierbohrungen, die für die Einspannung beim Drehprozess benötigt wurden, durch Plandrehen der Stirnflächen der Probenköpfe entfernt.

3.2.3 Proben für die Druckversuche

Abbildung 3.4 zeigt die zylindrische Probengeometrie für die Druckversuche, wobei im Falle verstärkter Proben der Verstärkungsgehalt 11,1 Vol.-% beträgt. Die Probenlänge von 6 mm ergibt sich nach [DIN78] aus dem Aspektverhältnis von 2.

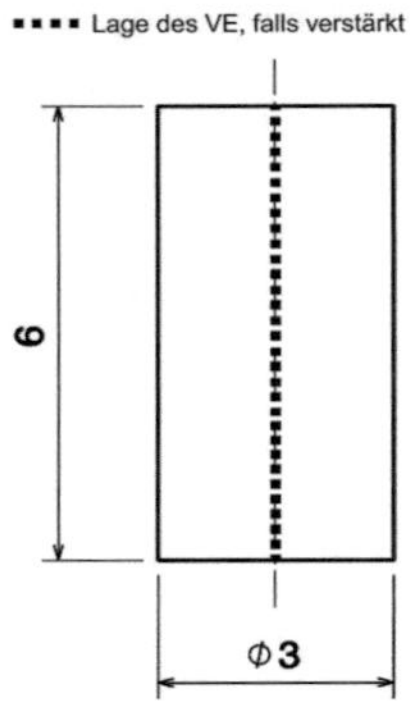

Abbildung 3.4: Probengeometrie für die Druckversuche

3.2.4 Proben für die Ermüdungsversuche

Abbildung 3.5 zeigt die Geometrie für die unverstärkten und für die 11,1 Vol.-% verstärkten zylindrischen Ermüdungsproben, die kraftschlüssig eingespannt wurden. Aufgrund der Knickgefährdung während der Wechselversuche beträgt die Versuchslänge 10 mm.

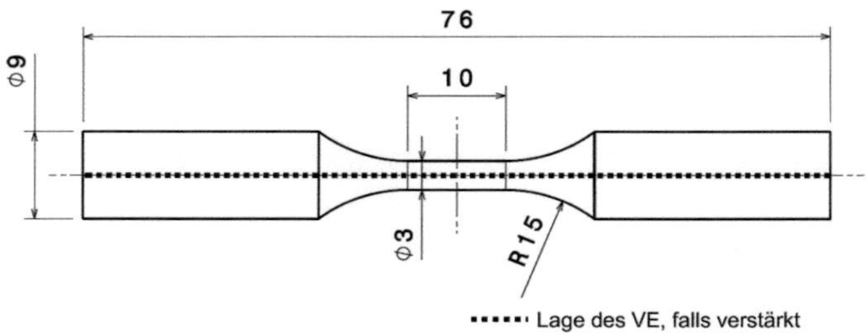

Abbildung 3.5: Probengeometrie für die Ermüdungsversuche

Analog zu den Zugversuchsproben für die Untersuchungen mit gekoppelter Schallemissionsanalyse wurden hier – zur besseren Positionierung der piezoelektrischen Schallemissionssensoren – die Zentrierbohrungen durch Plandrehen der Stirnflächen ebenfalls entfernt.

3.2.5 Proben für die zyklischen Rissausbreitungsversuche

Abbildung 3.6 zeigt die in Anlehnung an [Ast05] gefertigte Middle Tension M(T)-Probengeometrie für die zyklischen Rissausbreitungsversuche.

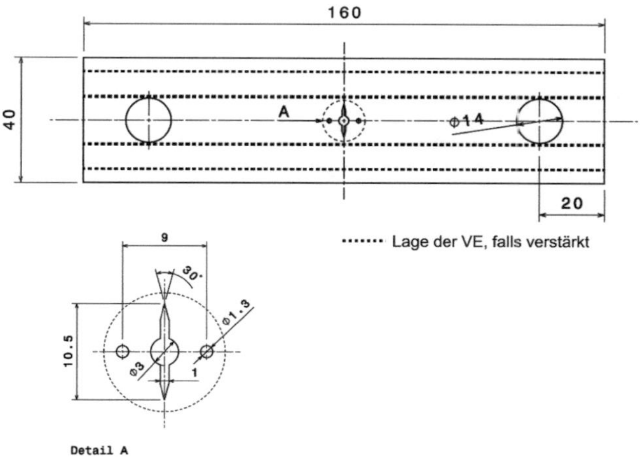

Abbildung 3.6: Probengeometrie für die Rissausbreitungsversuche (oben) mit Detailbezeichnungen (unten)

Der durch Drahterodieren gefertigte Kerbradius beträgt 0,25 mm. Die symmetrisch in Kerbnähe gefertigten Bohrungen mit einem Durchmesser von 1,3 mm dienen zum Abgriff des Potenzialsondenstroms.
Der Geometriefaktor für die M(T)-Proben nach [Ast05] lautet nach Gleichung 3.1:

$$Y = \sqrt{\sec\left(\frac{\pi \cdot a}{W}\right)}$$ **Gleichung 3.1**

Dabei stellt a die Risslänge und W die Probenbreite (40 mm) dar. Die unverstärkten Referenzproben wurden aus einem unverstärkten 40 x 10 mm^2-Profil entnommen.

4 Versuchsaufbau und Versuchsdurchführung

Alle in diesem Kapitel beschriebenen Versuche fanden in Laborumgebung bei Raumtemperatur statt.

4.1 Quasi-statische Versuche

4.1.1 Push-Out-Versuche

Die wegkontrollierten Push-Out-Versuche zur Ermittlung der Grenzflächenscherfestigkeit wurden an einer Universalprüfmaschine der Bauart Zwick mit elektromechanischem Antrieb und einer Maximalkraft von 2,5 kN durchgeführt. Der prinzipielle Aufbau ist Abbildung 4.1 zu entnehmen.

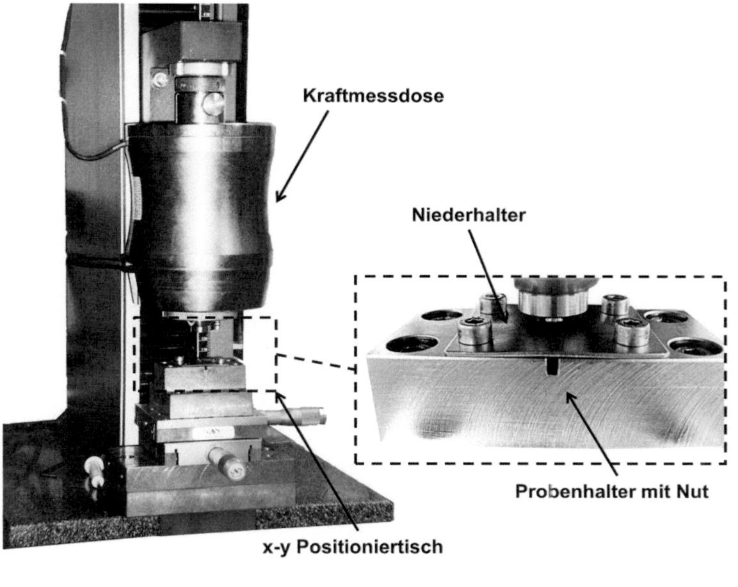

Abbildung 4.1: Versuchsaufbau des Push-Out-Versuchs (links) mit Detailansicht (rechts)

Das Herausdrücken des Verstärkungselementes erfolgte mittels eines kegelförmigen Indenters mit kugelförmiger Spitze, deren Durchmesser 1 mm betrug. Die Verfahrgeschwindigkeit des Indenters betrug hierbei 0,5 mm/min.

Die Probenplättchen wurden mit einem Niederhalter auf einem Probenhalter mit einer Nutbreite von 2 mm fest eingespannt, der auf einer in x- und y-Richtung verstellbaren Vorrichtung fixiert ist. Die Positionierung erfolgte mittels einer Leuchtdiode. Anschließend wurde der Indenter montiert und eine Vorkraft von 5 N aufgebracht. Zur Vermeidung des Kontakts zwischen der Matrix und dem konischen Indenter betrug die maximale Eindringtiefe 0,5 mm [Wei06c].

4.1.2 Zugversuche

Die quasi-statischen Zugversuche wurden wegkontrolliert an einer Universalprüfmaschine der Bauart Zwick mit einer Maximalkraft von 200 kN durchgeführt. Die Dehnungsmessung erfolgte über ein maschinenintegriertes Multi-Xtens-Ansetzdehnungsmesssystem der Bauart Zwick/Roell. Die Kraftmessung erfolgte im unteren Prüfmaschinenbereich. Die Vorkraft bei Versuchsbeginn betrug 100 N.

Die Zugversuche an den Verstärkungselementen erfolgten über ein Rollensystem mit einem Rollendurchmesser von 100 mm unter Ausnutzung der Umschlingungsreibung nach Euler-Eytelwein [Hib05]. Dabei betrug die freie Einspannlänge 200 mm. Die Versuchslänge betrug 80 mm und die Verfahrgeschwindigkeit des Querhaupts wurde bei 2 mm/min konstant gehalten [DIN01].

Für die Untersuchungen an unverstärkten Proben und Verbundproben betrug die Verfahrgeschwindigkeit des Querhaupts 1 mm/min. Dies entspricht, bezogen auf die Versuchslänge [DIN01] der Proben von 20 mm, einer nominellen Dehnrate von ca. $8{,}3 \times 10^{-4}$ 1/s. Der Versuchsaufbau für die Zugversuche an Gewindeproben ist in Abbildung 4.2 (links) gezeigt. Hier ist auch der Ansetzdehnungsaufnehmer dargestellt, wobei der Messbereich bei den Gewindeproben, gemäß einem Längen/Durchmesser-Verhältnis von fünf und entsprechend einem Proportionalstab nach [DIN01] 15 mm betrug.

Abbildung 4.2 (rechts) zeigt den Versuchsaufbau für die Klemmproben innerhalb einer hydraulischen Klemmvorrichtung mit gekoppelter Schallemissionsmesstechnik. Die Öffnungen im oberen sowie unteren Probeneinspannbereich erlauben eine Positionierung der Schallemissionssensoren auf den Stirnflächen der Probenköpfe. Um die erforderliche Anpresskraft der Sensoren auf die Probenköpfe zu gewährleisten, wurde Schaumstoff benutzt. Aufgrund des im Vergleich zur Gewindevorrichtung kompakteren Aufbaus durch die Klemmvorrichtung wurde der Dehnungsmessbereich auf 10 mm festgelegt. Der Versuchsabbruch erfolgte bei einem Kraftabfall von 98 % der Maximalkraft.

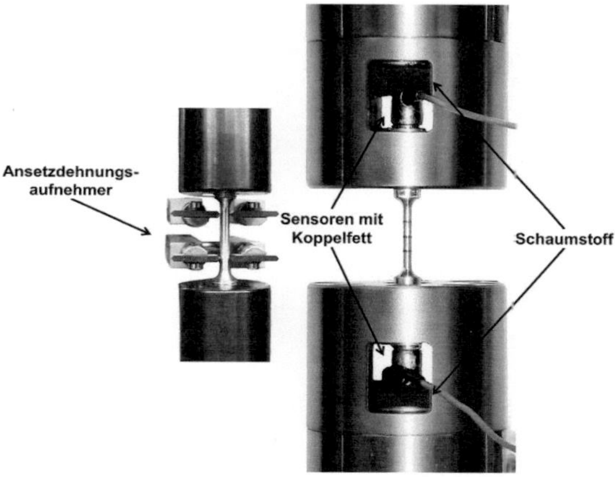

Abbildung 4.2: Versuchsaufbau für die quasi-statischen Zugversuche mit Gewindeeinspannung (links) und Klemmeinspannung mit gekoppelter Schallemissionsmesstechnik (rechts)

4.1.3 Druckversuche

Die quasi-statischen Versuche wurden an einer Universalprüfmaschine der Bauart Zwick mit einer maximalen Kraft von 500 kN durchgeführt. Der Versuchsaufbau ist in Abbildung 4.3 gezeigt. Dabei wird die zylindrische Probe zunächst zwischen zwei gehärteten Stahlplatten eingespannt, zwischen denen die Dehnungsmessung erfolgt. Die Krafteinleitung erfolgt vom Druckstempel über einen geführten Stempel auf die Stahlplatte in die Probe.

Zunächst wurde eine Vorkraft von 112 N aufgeprägt (inklusive Eigenmasse des Stempels), bevor dann der Versuch wegkontrolliert bei einer Verfahrgeschwindigkeit des Querhaupts von 0,3 mm/min durchgeführt wurde, was bei einer Versuchslänge der Proben von 6 mm einer Dehnrate von ca. $8{,}3 \times 10^{-4}$ 1/s, analog zur Dehnrate der Zugversuche, entspricht. Die Dehnungsmessung erfolgte über einen kapazitiven Dehnungsaufnehmer mit einer Schenkellänge von 60 mm und einem Kalibrierfaktor von ca. 1,98 V/mm.

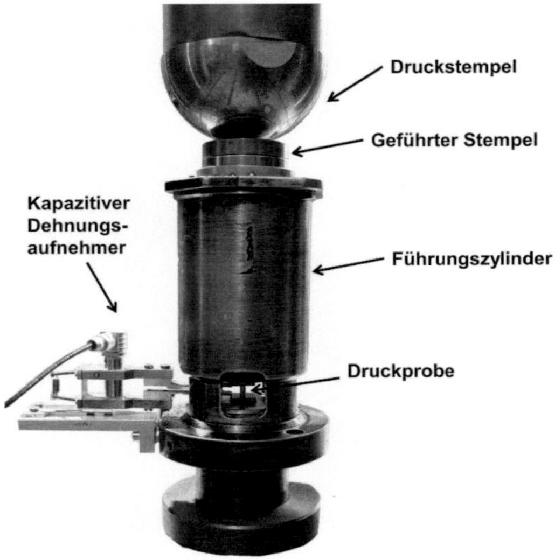

Abbildung 4.3: Versuchsaufbau für die quasi-statischen Druckversuche

Der Versuch wurde bei einem Verfahrweg von maximal 3 mm abgebrochen, um den Dehnungsaufnehmer nicht zu beschädigen.
Aufgrund der kleinen Probengeometrie und der damit zusammenhängenden erschwerten Sensorpositionierung wurde auf eine parallele Untersuchung mit der Schallemissionsanalyse verzichtet.
Aufgrund des kleinen Durchmessers des Verstärkungselementes und der daraus resultierenden Versuchslänge von 1 bis 2 mm [DIN78] wurde auf eine Charakterisierung des Verstärkungselementes unter Druckbeanspruchung verzichtet.

4.2 Zyklische Versuche

Die zyklischen Versuche wurden auf einer Prüfmaschine ElectroPuls E3.000 der Bauart Instron mit Linearmotorantrieb durchgeführt. Die maximal zyklisch erreichbare Nennkraft beträgt 3 kN, wobei sich die Kraftmessdose im unteren Prüfmaschinenteil befindet. Die Versuche wurden sinusförmig und kraftkontrolliert, rein wechselnd bei einem Lastverhältnis R = -1 und einer Versuchsfrequenz von 10 Hz durchgeführt. Die

Grenzlastspielzahl für die Durchläufer betrug 10^7 Zyklen. Der Versuchsaufbau mit gekoppelter Schallemissionsmesstechnik ist in Abbildung 4.4 dargestellt.

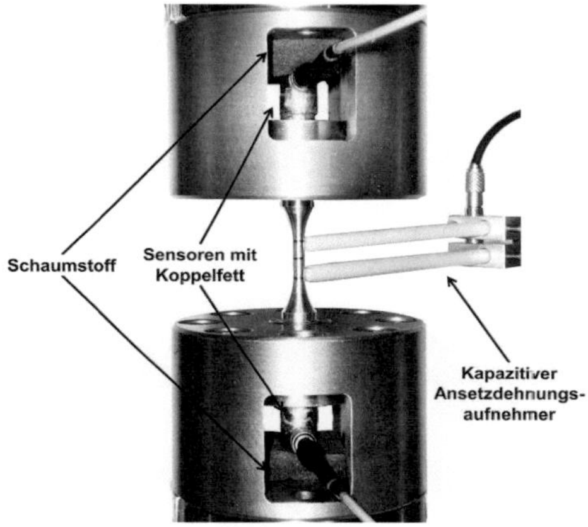

Abbildung 4.4: Versuchsaufbau für die Ermüdungsversuche mit gekoppelter Schallemissionsmesstechnik

Der Versuchsaufbau mit Klemmvorrichtung und gekoppelter Schallemissionsanalyse ist analog dem des Zugversuchs. Die Dehnungsmessung erfolgte über eine Versuchslänge von 10 mm kapazitiv mittels eines Ansetzdehnungsaufnehmers mit einer Schenkellänge von ca. 90 mm und einem Kalibierfaktor von ca. 47 µm/V.

4.3 Zyklische Rissausbreitungsversuche

Zur Durchführung der zyklischen Rissausbreitungsversuche wurde der Resonanzpulser Zwick Amsler 5.000 mit einer maximalen Prüfkraft von 50 kN verwendet. Die Versuchsführung erfolgte kraftkontrolliert, wobei die Aufbringung der Mittellast durch das Verfahren der oberen Traverse und die Aufbringung der zyklischen Last durch die Resonanzprüfmaschine realisiert wurde.

Abbildung 4.5 zeigt den Versuchsaufbau mit gekoppelter Potenzialsondenmesstechnik zur Ermittlung des Risslängenverlaufs und mit gekoppelter Schallemissionsmesstechnik. Um Hintergrundgeräusche bzw. Reibungsgeräusche zu minimieren, wurde Graphitfett zwischen den Bolzen und der Probe angebracht. Der verwendete Schaumstoff

soll hierbei einen direkten Kontakt zwischen Probe und Aufhängung vermeiden. Ferner sind die Sensorhalterungen aus PVC mit angebrachten Spannzangen zu erkennen [Wal10].
Die Risslängenbestimmung erfolgte mittels Potenzialsonde, wobei der elektrische Abgriff und die Stromzufuhr gekennzeichnet sind.

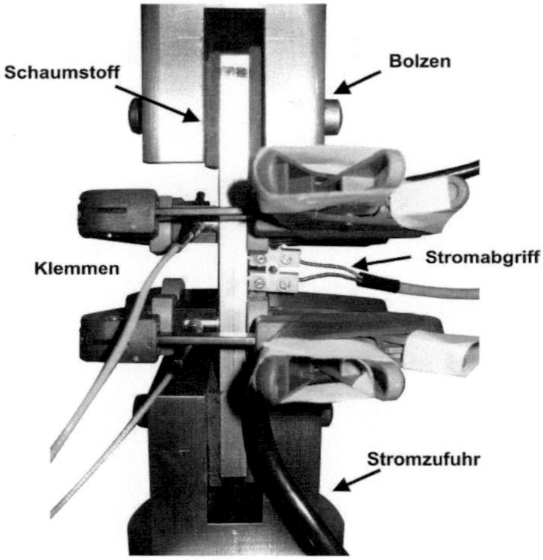

Abbildung 4.5: Versuchsaufbau für die Rissausbreitungsversuche mit gekoppelter Potenzialsonden- und Schallemissionsmesstechnik

Das Anschwingen erfolgte bei einem Spannungsverhältnis von R = 0,17, wobei die erforderliche Mittelkraft F_m = 7 kN, entsprechend einer Mittelspannung im ungeschwächten Querschnitt von σ_m = 17,5 MPa, und die Kraftamplitude F_a = 5 kN (σ_a = 12,5 MPa) betrugen. Die bei den eigentlichen Rissausbreitungsversuchen aufgebrachte Mittelkraft betrug F_m = 5,5 kN (σ_m = 13,75 MPa), die Kraftamplitude F_a = 3,8 kN (σ_a = 9,5 MPa) entsprechend einem Spannungsverhältnis von R = 0,18. Das Versuchsende wurde automatisch durch den Frequenzabfall resultierend aus dem Steifigkeitsverlust der Probe mit wachsender Risslänge detektiert. Die Kraftmessung erfolgte nahe dem unteren Querhaupt.

4.4 Schallemissionsmesssystem

Für die in-situ-Schallemissionsanalyse während der Zug-, Ermüdungs- und Rissausbreitungsuntersuchungen kamen ein Vallen AMSY-4 sowie ein AMSY-5 System zum Einsatz. Die Vorverstärker waren Vallen AEP3 mit integrierten Bandpassfiltern von 95 kHz bis 1 MHz bzw. 2 MHz. Der Verstärkungsfaktor (Gain) kann in drei dB-Schritten von 34 dB auf 49 dB erhöht werden, wobei für die nachfolgenden Untersuchungen immer die maximale Verstärkung eingestellt wurde. Eine exemplarische Sensorsensitivitätskurve der verwendeten Breitbandsensoren der Bauart Digital Wave B-1025 ist in Abbildung 4.6 dargestellt.

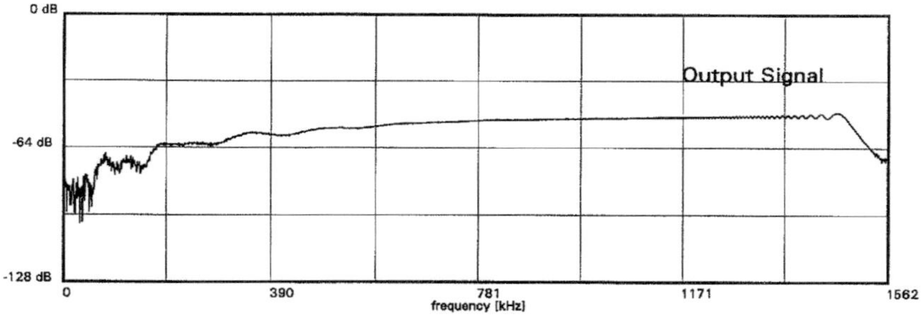

Abbildung 4.6: Exemplarische Sensorempfindlichkeitskurve eines Breitbandsensors Digital Wave B-1025 [Dig96]

Des Weiteren wurden resonante Sensoren der Bauart Vallen VS600-Z1 mit einer frequenzspezifischen Empfindlichkeit verwendet, siehe Abbildung 4.7.

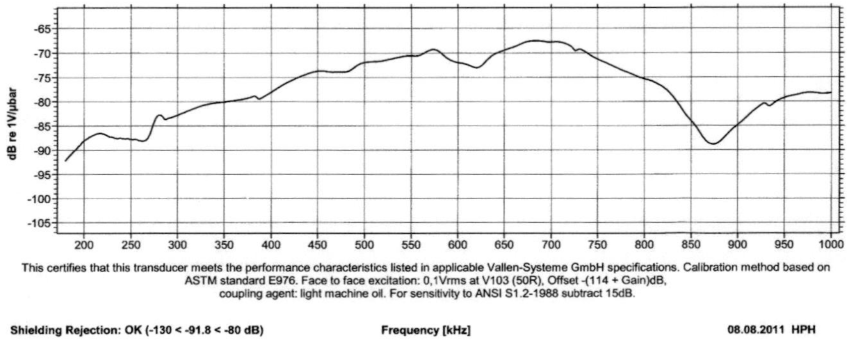

Abbildung 4.7: Exemplarische Sensorempfindlichkeitskurve eines resonanten Sensors Vallen VS600-Z1 [Val11]

Zur besseren Ankopplung wurden die Probenoberflächen zunächst mit Siliziumkarbidschleifpapier der Körnung P1000 geschliffen und anschließend als Koppelmittel Hochvakuumfett Lithelen von Leybold-Heraeus eingesetzt.

Die Positionierung der resonanten Sensoren mit einem Durchmesser von 4,75 mm auf den Stirnflächen der zylindrischen unverstärkten Proben erfolgte zentrisch und auf den Verbundproben exzentrisch durch eigens konstruierte Hülsen aus PVC [Ree09].

Durch Voruntersuchungen bezüglich der während der Zugversuche sowie zyklischen Ermüdungs- und Rissausbreitungsuntersuchungen auftretenden Hintergrundgeräusche – resultierend aus dem Umgebungslärm und dem Betrieb der Prüfeinrichtungen – wurden Hochpassfrequenzfilter sowie Schwellenwerte dementsprechend ausgewählt und angepasst [Hen11] [Mer08b] [Mer10] [Ree09] [Rie09] [Wal10]. Die Parameter können, sofern nicht anders vermerkt, aus Tabelle 4.1 entnommen werden.

Tabelle 4.1: **Parameter der Schallemissionsanalyse für die unterschiedlichen Versuchsarten**

Versuchsart	Gerät	Thr in dB	Bandpass-filter in kHz	RT in ms	DDT in ms
Zugversuche	AMSY-5	12,0	100 - 1000	3,2	0,4
Ermüdungsversuche	AMSY-4	22 - 23,7	180 - 1000	3,2	0,4
Zykl. Rissausbreitungsversuche	AMSY-4	23,1	230 - 1000	3,2	0,4

4.5 Metallographische Untersuchungen

Die zu untersuchenden Probenbereiche wurden mittels einer Präzisionsnasstrennmaschine der Bauart Struers - Accutom aus den Proben herausgetrennt und in kaltaushärtendem Einbettmittel (Buehler – VariDur) eingebettet. Das Schleifen erfolgte mittels Siliziumkarbidschleifpapier der Körnungen 120, 320, 600 sowie 1.000 an einer Tischschleifmaschine. Die Endpolitur wurde mittels Filzstofftuch und Diamantsuspension an einer Tischpoliermaschine in den Schritten 9 µm sowie 3 µm und abschießend per Samttuch mit 0,05 µm Oxidpoliersuspension und Wasser durchgeführt. Die Reinigung der Proben erfolgte im Ethanol-Ultraschallbad. Die Ätzmethodik für das Matrixmaterial erfolgte wie in [Ree11] beschrieben.

Das Ätzmittel für das Verstärkungselement nach Beraha I (B1) setzt sich wie folgt zusammen: 24 g Ammoniumbifluorid, 1.000 ml destilliertes Wasser und 200 ml konzentrierte Salzsäure. Die Ätzzeit betrug dabei ca. 10 s.

Die lichtmikroskopischen Untersuchungen wurden an einem Mikroskop der Bauart Leica (Aristomet) mit einer maximalen Vergrößerung von 1.000 durchgeführt.

Die rasterelektronenmikroskopischen Untersuchungen erfolgten an einem Rasterelektronenmikroskop (REM) der Bauart Zeiss (LEO EVO 50).

Das Material für die transmissionselektronenmikroskopischen Untersuchungen wurde mittig aus den zylindrischen Proben für die zyklischen Versuche entnommen und in dünne Scheiben von 300 μm geschnitten. Anschließend wurden diese Scheiben beidseitig auf eine Dicke von ca. 120 μm geschliffen und poliert. Daraus wurden runde Proben mit einem Durchmesser von 3 mm ausgestanzt und dann elektrolytisch mit einer Säure-Alkoholmischung geätzt, sodass kleine Löcher mit dünnen Rändern entstanden sind. Zur Herstellung besser durchstrahlbarer Bereiche wurden die Proben kurz mit Argon-Ionen bei 6 kV Hochspannung beidseitig geätzt. Die transmissionselektronenmikroskopischen Aufnahmen wurden an einem Transmissionselektronenmikroskop (TEM) vom Typ Zeiss EM Ω 922 mit einer maximalen Beschleunigungsspannung von 200 kV durchgeführt.

5 Experimentelle Ergebnisse

5.1 Grenzflächen

5.1.1 Quantitative Untersuchungen

Abbildung 5.1 zeigt exemplarisch den Verlauf einer Kraft-Eindring-Kurve während eines Push-Out-Versuchs an einer EN AW-6082-T4 (F) + 1.4310 Probe. Dabei ist zunächst ein relativ steiler und linearer Anstieg der Kraft bis zu einer Eindringtiefe von ca. 50 µm zu verzeichnen. Nach leichter Abflachung der Kurve bis zum Erreichen der Maximalkraft erfolgt ein Kraftabfall.

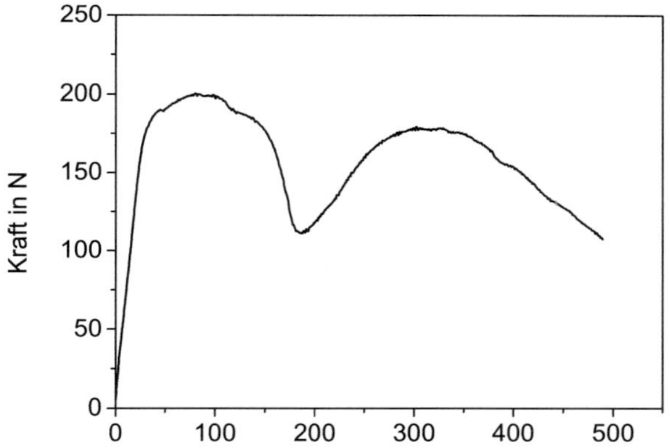

Abbildung 5.1: Exemplarische Kraft-Eindring-Kurve für EN AW-6082-T4 (F) + 1.4310

Die nach Gleichung 2.1 errechneten Grenzflächenscherfestigkeiten, die sich aus zwölf Versuchen zu der in Abbildung 5.1 dargestellten Kurve mit einem analogen Verlauf ergeben, sind in Tabelle 5.1 für den Verbund im Herstellzustand T4 (F) und T6 aufgelistet. Dabei ist ersichtlich, dass durch die anschließende T6-Wärmebehandlung die Grenzflächenscherfestigkeit um ca. 43 % gesteigert werden kann. Allerdings geht damit eine Steigerung der Streuung um ca. 10 % einher.

Tabelle 5.1: Grenzflächenscherfestigkeit des Werkstoffsystems EN AW-6082 + 1.4310 in den Wärmebehandlungszuständen T4 (F) und T6

Zustand	σ_{deb} in MPa		σ_{deb} in %
T4 (F) v	73	±	6,3
T6 v	104	±	15,7

Weitergehende Untersuchungen bezüglich der Verstärkungselementlage innerhalb des 40 x 10 mm²-Profils ergaben, dass sich unterschiedliche Grenzflächenscherfestigkeiten mit Streuungen von bis zu 15 % einstellen. Ein direkter Zusammenhang zwischen der Position der Verstärkungselemente und der Grenzflächenscherfestigkeit konnte nicht gefunden werden.

5.1.2 Metallographische Untersuchungen

Abbildung 5.2 (links) zeigt einen Querschliff über den 40 x 10 mm²-Profilquerschnitt im Ausgangszustand T4 (F). Die Lage der Längspressnaht ist durch Pfeile gekennzeichnet. Die gute spaltlose Anbindung des Verstärkungselementes ist in Abbildung 5.2 (rechts) erkennbar.

Abbildung 5.2: Querschliff über das verstärkte 40 x 10 mm²-Profil (Ätzung mit 2 %iger Flusssäure) (links) und Vergrößerung der Grenzfläche (rechts)

Abbildung 5.3 zeigt Längsschliffe im unbelasteten Zustand der Wärmebehandlungszustände T4 (F) (oben) und T6 (unten), die im Folgenden als qualitative Referenz herangezogen werden. Detailaufnahmen der Grenzflächen sind im rechten Bildteil dargestellt. Allgemein kann auch hier eine spaltfreie Anbindung des Verstärkungselementes an das Matrixmaterial konstatiert werden. Abbildung 5.3 (unten rechts) lässt dagegen einen Spalt zwischen Verstärkungselement und Matrixmaterial mit einer Länge von ca. 200 µm innerhalb des Verbundes im Wärmebehandlungszustand T6 erkennen.

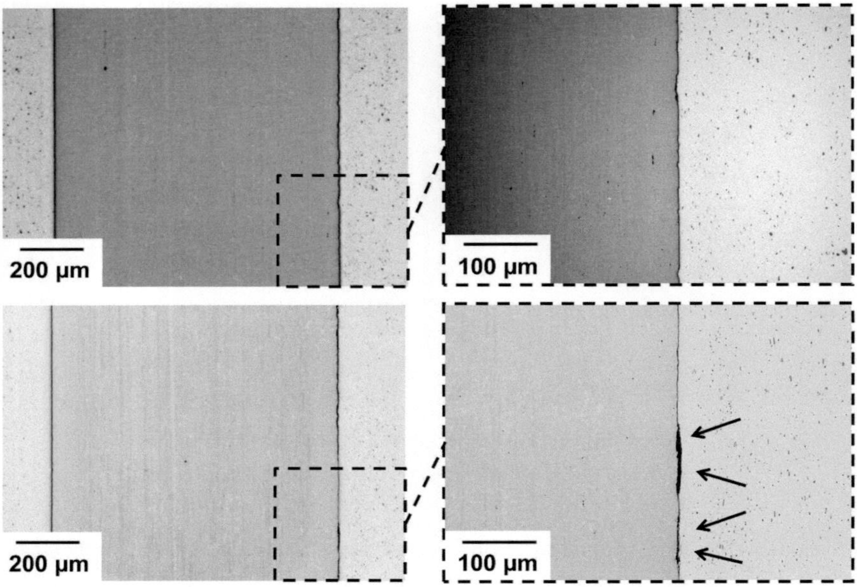

Abbildung 5.3: Längsschliffe (links) und Detailaufnahmen des Grenzflächenbereiches (rechts) verstärkter Proben im unbelasteten Zustand in den Wärmebehandlungszuständen T4 (F) (oben) und T6 (unten)

Abbildung 5.4 zeigt rasterelektronenmikroskopische Aufnahmen der Probenunterseite für den Wärmebehandlungszustand T4 (F) (links) und T6 (rechts) nach dem Push-Out-Versuch. Im Vergleich zu der T4 (F)-Probe lässt die T6-Probe eine lokal rauere Oberfläche erkennen. Durch energiedispersive Röntgenmessungen bezüglich der Elementcharakterisierung konnte hier bei beiden Proben die Anhaftung von Aluminium am Federstahldraht ermittelt werden [Sch09].

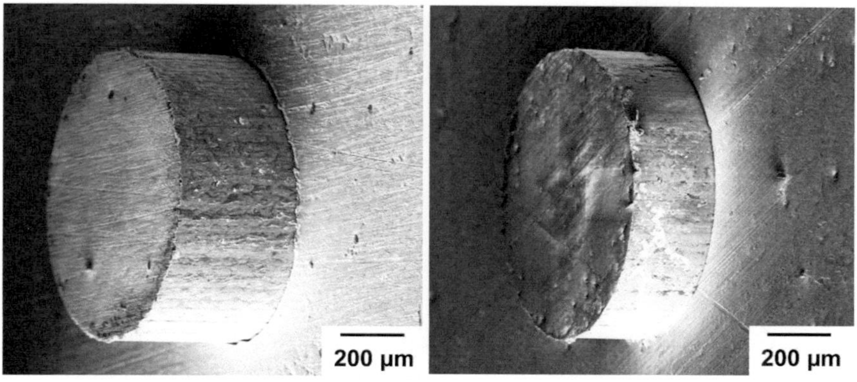

Abbildung 5.4: REM-Aufnahmen nach Versuchsende für die Wärmebehandlungszustände T4 (F) (links) und T6 (rechts)

5.1.3 Diskussion

Um das Schädigungsverhalten der Grenzfläche unter axialer Beanspruchung des Verstärkungselementes zu untersuchen, wurden Push-Out-Versuche an Proben im Wärmebehandlungszustand T4 (F) bei unterschiedlichen Eindringtiefen angehalten und metallographisch untersucht.

Abbildung 5.5 zeigt einen Längsschliff einer bis 74 µm Eindringtiefe belasteten Probe, was ungefähr dem Kraftmaximum entspricht (vgl. Abbildung 5.1).

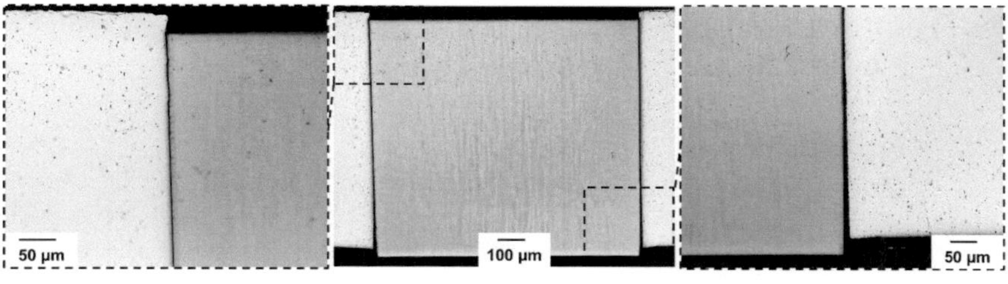

Abbildung 5.5: Längsschliff einer bis 74 µm belasteten Probe des T4 (F)-Verbundes (Mitte) mit Detailaufnahmen des oberen (links) und unteren Probenbereiches (rechts)

Dabei ist im oberen Probenbereich, Abbildung 5.5 (links), eine Relativverschiebung des Verstärkungselementes gegenüber dem Matrixmaterial zu verzeichnen. Des Weiteren ist ein Vorstehen des Matrixmaterials zu erkennen, das durch das Herausdrücken des Verstärkungselementes in radialer und axialer Richtung mitgezogen wurde, was eine gute Grenzflächenhaftung beweist.

Der untere Probenbereich lässt zudem eine plastische Verformung des Matrixmaterials, vermutlich zurückzuführen auf die Biegekomponente, erkennen. Auf der unteren Seite der Probe, Abbildung 5.5 (rechts), ist ein Spalt zwischen Verstärkungselement und Matrix zu verzeichnen. Die von unten nach oben kontinuierlich abnehmende Spaltbreite ist auf die Biegebeanspruchung zurückzuführen. Dabei beträgt die sichtbare mittlere Delaminationslänge ca. 325 µm und die maximale Spaltbreite ca. 13 µm.

Abbildung 5.6 stellt eine Probe nach dem Kraftabfall dar. Dabei ist die Vergrößerung der Spaltbreite und die Verkleinerung der Resttragfläche zwischen Verstärkungselement und Matrix augenscheinlich. Somit kann der in Abbildung 5.1 gezeigte Kraftabfall nach Erreichen der Maximalkraft auf das Rutschen des Verstärkungselementes zurückgeführt werden.

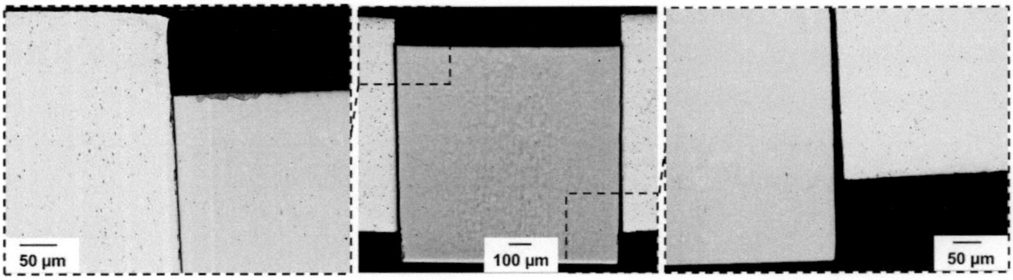

Abbildung 5.6: Längsschliff einer bis ca. 174 µm belasteten T4 (F)-Verbundprobe (Mitte) mit Detailaufnahmen des oberen (links) und unteren Probenbereiches (rechts)

Abbildung 5.7 (links) zeigt einen Längsschliff einer bis zum Wiederanstieg der Kraft beanspruchten Probe. Neben der kleineren Resttragfläche ist ebenfalls eine Vergrößerung der Spaltbreite zu verzeichnen; die sichtbare Delaminationslänge scheint allerdings unverändert. Auf der linken Probenoberseite ist die plastische Verformung der Matrix durch das Berühren des außermittig platzierten Indenters zu erkennen. Dies liefert eine Erklärung für das schiefe Herausdrücken des Verstärkungselementes aus der Matrix sowie für den darauffolgenden Kraftanstieg (vgl. Abbildung 5.1) [Sch09].

Abbildung 5.7: Längsschliffe nach Versuchsende des Verbundes in den Wärmebehandlungszuständen T4 (F) (links) und T6 (rechts)

Abbildung 5.7 (rechts) zeigt einen Längsschliff nach Versuchsende für den Wärmebehandlungszustand T6. Im Vergleich zu den Proben im Wärmebehandlungszustand T4 (F) ist hier eine nur geringe plastische Deformation der Matrix zu erkennen.
Es bleibt festzuhalten, dass ab dem Wiederanstieg der Kraft weitere quantitative Aussagen hinsichtlich der Grenzflächenhaftung ausbleiben.

Analog zu den bereits in [Gal96] [Yue98] getätigten Untersuchungen konnte die durch den Push-Out-Versuch hervorgerufene inhomogene Beanspruchung mittels metallographischer Schliffe visualisiert werden. Hierbei zeigte sich mit zunehmender Indentereindringtiefe eine Vergrößerung des Spalts zwischen Verstärkungselement und Matrix in radialer Richtung am unteren Teil der Probe, was sich durch die auftretenden radialen Zugkräfte, die aus der Biegebeanspruchung resultieren, erklären lässt. Dabei verschiebt sich mit zunehmender Eindringtiefe des Indenters die neutrale Faser hin zum unteren Probenrand.
Weiterführende Untersuchungen bezüglich der Abhängigkeit der Grenzflächenscherfestigkeit von der Geometrie (Probendicke h zu Nutbreite b) und vom Aspektverhältnis d/h wurden von [Nas12] an federstahldrahtverstärktem EN AW-6082-T4 (F) durchgeführt und sind zusammenfassend in Abbildung 5.8 dargestellt. Hierbei zeigt sich ein Anstieg der Grenzflächenscherfestigkeit mit zunehmendem Verhältnis von der Probendicke h zu der Nutbreite b bei gleichbleibendem Verstärkungselementdurchmesser d (= 1 mm) im Bereich h/d = 0,25-1. Nachfolgend scheint lediglich eine geringe Abhängigkeit der Grenzflächenscherfestigkeit zu bestehen.

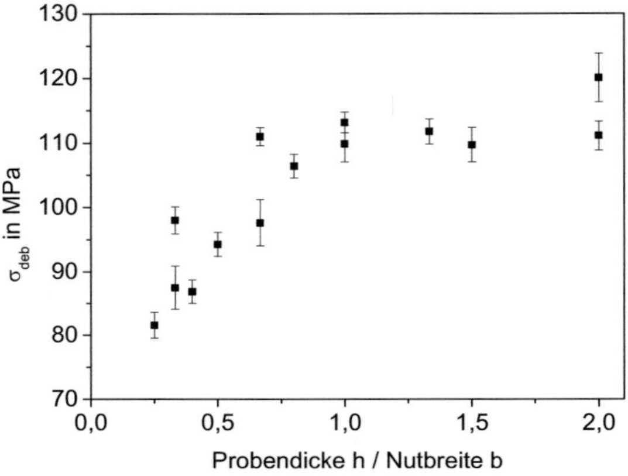

Abbildung 5.8: Einfluss des Verhältnisses von der Probendicke h und der Nutbreite b auf die Grenzflächenscherfestigkeit des T4 (F)-Verbundes

Der Ablösebeginn der Grenzfläche oder die Plastifizierung des Matrixmaterials als Grund für das Abflachen der Kraft vor Erreichen der Maximalkraft konnte dabei nicht geklärt werden. Des Weiteren konnte eine optimale Parametereinstellung auf eine Probendicke von h = 2 mm und eine Nutbreite b = 1,5 mm ermittelt werden [Nas12].

Es bleibt festzuhalten, dass beim Werkstoffsystem EN AW-6082 + 1.4310 durch eine zusätzliche T6-Wärmebehandlung eine Zunahme der Grenzflächenscherfestigkeit erzielt werden kann. Der in Abbildung 5.3 (unten rechts) gezeigte Spalt resultiert vermutlich aus der während der Wärmebehandlung entstehenden spröden Phase und deren Herauslösen während der metallographischen Präparation. Dies könnte zudem eine Erklärung für die erhöhte Streubreite der Grenzflächenfestigkeit (vgl. Tabelle 5.1) liefern.

5.2 Quasi-statische Zugbeanspruchung

5.2.1 Charakterisierung des Verstärkungselementes

Quantitative Untersuchungen

Abbildung 5.9 zeigt eine exemplarische Zugverfestigungskurve des Verstärkungselementes aus 1.4310. Dabei ist ein relativ duktiles Verhalten bis zum Bruch bei 1,8 % Totaldehnung erkennbar.

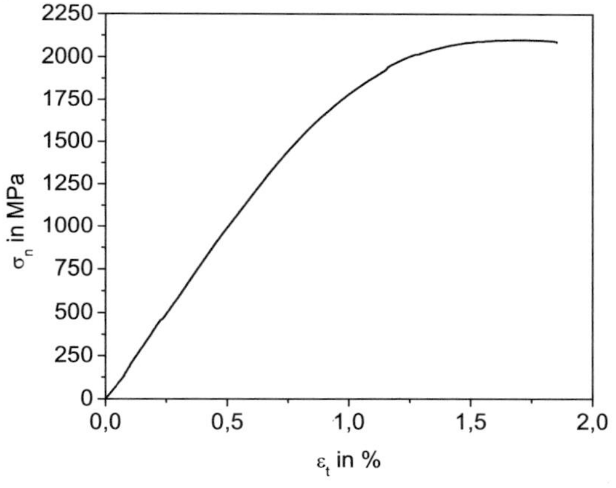

Abbildung 5.9: Exemplarische Zugverfestigungskurve des Verstärkungselementes (1.4310)

Die mechanischen Kennwerte können aus Tabelle 5.2 entnommen werden [Mei10]. Dabei ist das hohe Streckgrenzenverhältnis von ca. 0,94 auffällig.

Tabelle 5.2: Mechanische Kennwerte des Verstärkungselementes

E			$R_{p0,2}$			R_m			A_{gt}			ε^B_{VE}		
in GPa		in %	in MPa		in %	in MPa		in %	in %		in %	in %		in %
197	±	1,4	1.963	±	0,5	2.095	±	0,2	1,7	±	1,2	1,8	±	4,1

Metallographische und fraktographische Untersuchungen

Abbildung 5.10 zeigt einen Querschliff (links) sowie einen Längsschliff im Ausgangszustand des Drahtes (rechts) mit einem mittleren Durchmesser von ca. 1 mm. Hierbei ist eine über den Durchmesser variierende Ausbildung stark verformten Gefüges zu erkennen, die durch den Längsschliff (rechts) verdeutlicht wird. Zudem ist eine axiale Ausrichtung des Gefüges aufgrund des Drahtziehprozesses augenscheinlich.

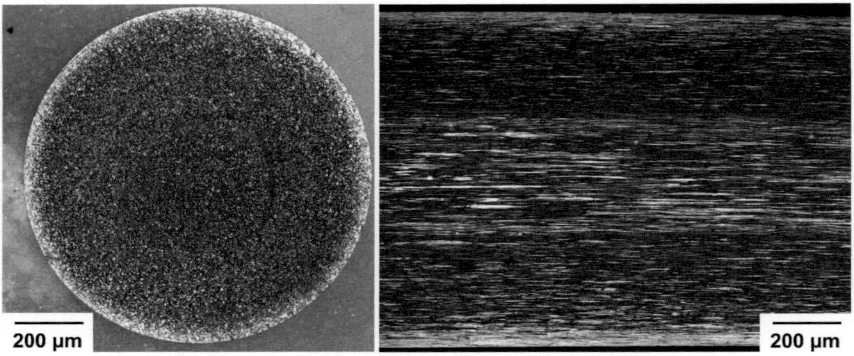

Abbildung 5.10: Querschliff (links) und Längsschliff (rechts) des Federstahldrahtes (Farbätzung B1]

Abbildung 5.11 (links) verdeutlicht die Drahtziehtextur anhand von Detailaufnahmen des Längsschliffes.

Abbildung 5.11 (Mitte) lässt ein martensitisches Gefüge mit Restaustenit- (weiß) sowie Ferritanteilen (grau) erkennen. Die Gefügeumwandlung vom Austenit zum Martensit erfolgt durch eine verformungsinduzierte Umwandlung, bedingt durch die Kaltverfestigung während des Drahtziehprozesses. Weitergehende Messungen zeigten ebenfalls Magnetismus.

Die in Abbildung 5.11 (rechts) gezeigte rasterelektronenmikroskopische Aufnahme zeigt eine porenbehaftete Oberfläche im Bereich der Drahtmitte, was vermutlich vom ätzbedingten Herauslösen der Chromkarbide herrührt.

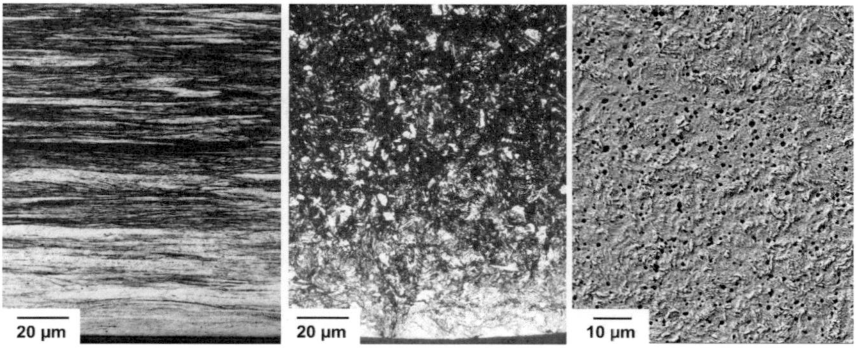

Abbildung 5.11: Detailaufnahme des Längsschliffs (links), Querschliff (Mitte), REM-Aufnahme des Querschliffs (Farbätzung B1) (rechts)

Abbildung 5.12 (links) stellt rasterelektronenmikroskopische Aufnahmen der Bruchfläche eines Verstärkungselementes nach dem Zugversuch dar.
Hierbei sind die Einschnürung sowie ein Teller-Tassenbruch und ein duktiler Wabenbruch im mittleren Bereich des Verstärkungselementes erkennbar [Mei10]. Abbildung 5.12 (rechts) zeigt eine Detailaufnahme des duktilen Bruchs, wobei sich die Wabenstruktur aus der plastischen Deformation um die Chromkarbide ergibt [Aur78].

Abbildung 5.12: REM-Fraktographie des Verstärkungselementes (links) und Detailaufnahme des Wabenbruchs (rechts)

5.2.2 Charakterisierung des Verbundes bei variierendem Verstärkungsanteil

Abbildung 5.13 zeigt den Einfluss unterschiedlicher Verstärkungsgehalte auf das mechanische Verhalten anhand exemplarischer Zugverfestigungskurven von Proben im Wärmebehandlungszustand T4 (F) [Mei10].

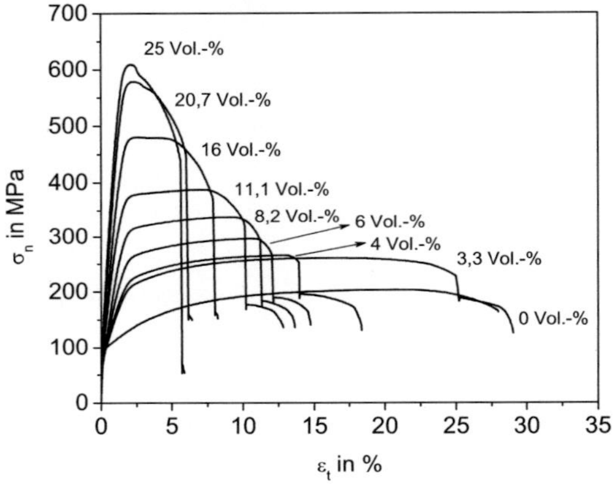

Abbildung 5.13: Exemplarische Zugverfestigungskurven von T4 (F)-Proben bei unterschiedlichen Verstärkungsgehalten

Allgemein sind mit zunehmendem Verstärkungsgehalt eine Erhöhung der Zugfestigkeit sowie eine damit einhergehende Reduktion der Duktilität zu verzeichnen.

Zudem ist der mit steigendem Verstärkungsgehalt steiler werdende Spannungsanstieg innerhalb des Bereiches II ersichtlich. Auffällig ist vor allem, dass die Totaldehnung bis zum Verstärkungselementversagen, was durch den Spannungsabfall gekennzeichnet ist, mit abnehmendem Verstärkungsgehalt zunimmt. Die Totaldehnung nimmt bei einem Verstärkungsgehalt von 25 Vol.-% ungefähr den dreifachen Wert als das Verstärkungselement alleine an (vgl. Tabelle 5.2). Dieses Verhalten zeichnet sich insbesondere im Plateaubereich ab, dessen Länge und Steigung mit abnehmendem Verstärkungsanteil zunehmen.

Aufgrund der Variation der Proportionalität zwischen gleichbleibender Anfangsmesslänge (15 mm) sowie variierendem Probendurchmesser (vgl. Tabelle 3.3) und der damit zusammenhängenden Abhängigkeit des Einschnürverhaltens [DIN01] werden diesbezüglich keine Aussagen getroffen.

Im Folgenden sollen die gemittelten mechanischen Kennwerte gesondert veranschaulicht und beschrieben werden.

Abbildung 5.14 stellt den Verlauf der Steigungen für die Bereiche I (E_I) und II (E_{II}) der experimentell ermittelten und der errechneten Werte gegenüber. Ausgehend von einem Elastizitätsmodul der Matrix von 67,6 GPa ± 3 % sowie des Verstärkungselementes von 197 GPa (vgl. Tabelle 5.2) zeigt die mittels der Mischungsregel nach Gleichung 2.4 errechnete Verbundsteifigkeit E_I trotz der Ableseunbestimmtheit an den experimentell bestimmten Kurven eine gute Übereinstimmung mit den experimentell ermittelten Werten

Abbildung 5.14 (rechts) stellt den Vergleich zwischen der nach Gleichung 2.5 ermittelten, unter Einbezug des als linear angenäherten Verfestigungsverhaltens des unverstärkten Materials zwischen $\varepsilon_{pl} = 0{,}2$ % bis $\varepsilon_t = 2$ %, und der alleinig auf den Elastizitätsmodul des Verstärkungselementes bezogenen Mischungsregel (nach Gleichung 2.6) im Vergleich zu den experimentell bestimmten Werten dar. Dabei kann festgestellt werden, dass vor allem für kleine Verstärkungsgehalte bis ca. $V_{VE} = 8$ Vol.-% eine gute Übereinstimmung für beide Mischungsregeln vorliegt, wobei die vereinfachte Mischungsregel nach Gleichung 2.6 den Sachverhalt für höhere Verstärkungsgehalte weniger überschätzt als Gleichung 2.5.

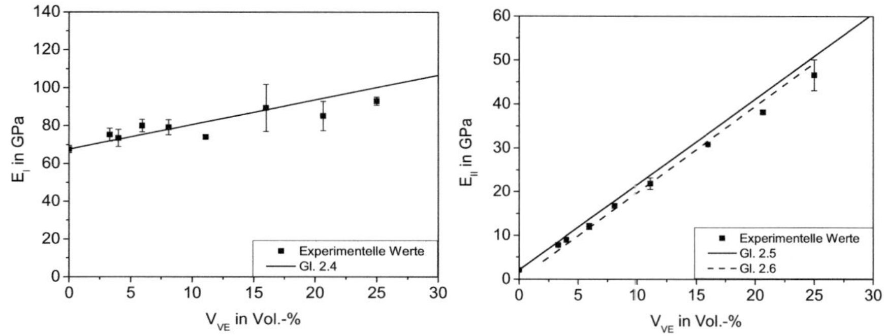

Abbildung 5.14: Elastizitätsmoduln E_I (links) und E_{II} (rechts) gegen den Verstärkungsgehalt V_{VE} im Vergleich zu den Mischungsregeln

Der Vergleich der Steifigkeiten zeigt im Bereich II allgemein geringere Streubreiten, was auf den größeren Auswertebereich zurückzuführen ist.
Ähnlich wie mit zunehmendem Verstärkungsgehalt V_{VE} die Ablesegenauigkeit zur Bestimmung des Elastizitätsmoduls E_I aufgrund immer kleiner werdender Bereiche I deutlich erschwert ist, zeigt dies Abbildung 5.15 (links) anhand des Verlaufs der Streckgrenze R_{es} über dem Verstärkungsanteil V_{VE}.

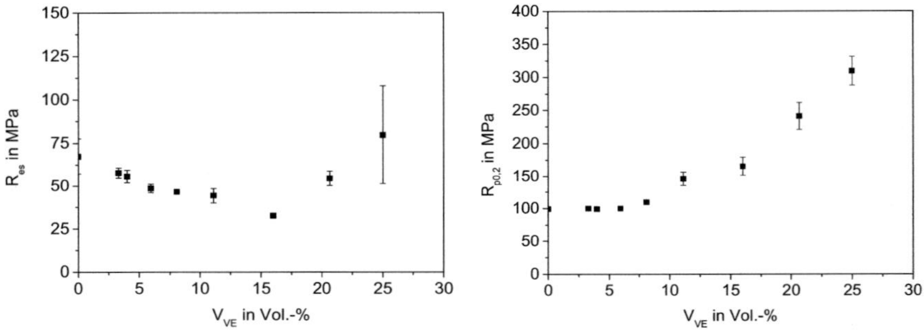

Abbildung 5.15: Streckgrenze R_{es} und 0,2 %-Dehngrenze $R_{p0,2}$ gegen den Verstärkungsgehalt V_{VE}

Die Bestimmung der Streckgrenze R_{es} erfolgte durch eine erkennbare Abweichung der Elastizitätsmodulgeraden. Dabei sind die zunächst abfallenden Werte mit zunehmendem Verstärkungsgehalt bis ca. 16 Vol.-% ersichtlich, bevor ein Anstieg der Werte zu verzeichnen ist. Die bei 25 Vol.-% ermittelten Werte zeigen deutliche Streubreiten von ca. 35 %, die sich durch die Ableseunschärfe begründen lassen.
Abbildung 5.15 (rechts) stellt den Verlauf der 0,2 %-Dehngrenze $R_{p0,2}$ über dem Verstärkungsgehalt dar. Dabei zeigen sich bis zu einem Verstärkungsgehalt von V_{VE} = 6 Vol.-% annähernd konstante Werte um 100 MPa. Erst ab einem Verstärkungsgehalt von 11,1 Vol.-% ist ein Anstieg von ca. 47 % im Vergleich zum unverstärkten Material zu verzeichnen. Die Zunahme der 0,2 %-Dehngrenze $R_{p0,2}$ bei einem Verstärkungsgehalt von V_{VE} = 25 Vol.-% beträgt dabei ca. 200 % gegenüber dem unverstärkten Material.
Abbildung 5.16 stellt die Abhängigkeit der Verbundzugfestigkeit R_m vom Verstärkungsgehalt V_{VE} dar, wobei ein stetiger linearer Anstieg konstatiert werden kann.

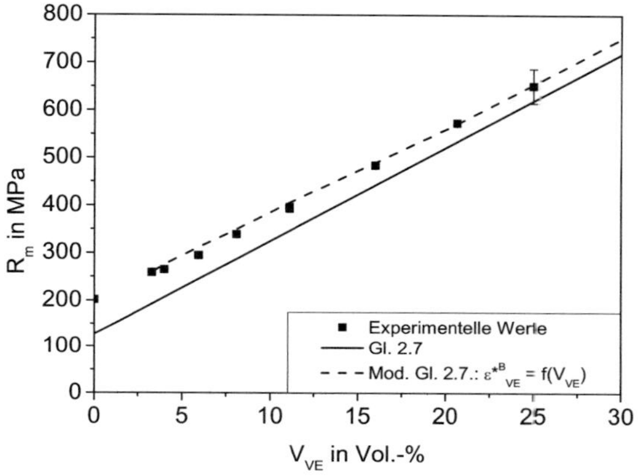

Abbildung 5.16: Zugfestigkeit R_m gegen den Verstärkungsgehalt V_{VE} im Vergleich zu den Mischungsregeln

Dabei zeigt die Prognose eine deutliche Unterschätzung der Verbundzugfestigkeit für kleine Verstärkungsgehalte. Der mit zunehmendem Verstärkungsanteil abnehmende Unterschied zwischen Prognose und Experiment kann durch den mit zunehmendem Verstärkungsanteil kleiner werdenden Einfluss der in der Matrix herrschenden Nennspannung bei Verstärkungselementbruch erklärt werden.

Der Vergleich der durch [Ham09b] modifizierten Mischungsregel nach Gleichung 2.7, die die Spannung innerhalb des unverstärkten Materials bei der Totaldehnung bei Bruch des Verstärkungselementes im Verbund miteinbezieht, liefert eine gute Übereinstimmung mit den experimentell ermittelten Werten.

Nachteil dieses Verfahrens zur Abschätzung der Verbundzugfestigkeit ist die notwendige Kenntnis der Totaldehnung bei Bruch des Verstärkungselementes innerhalb des Verbundes ε^{*B}_{VE}. Diese ist, wie aus Abbildung 5.17 ersichtlich, maßgeblich vom Verstärkungsgehalt abhängig. Dabei wird verdeutlicht, dass das Verstärkungselement innerhalb des Verbundes eine deutlich größere Bruchdehnung erträgt, als die Einzelkomponente zulässt (vgl. Abbildung 5.9).

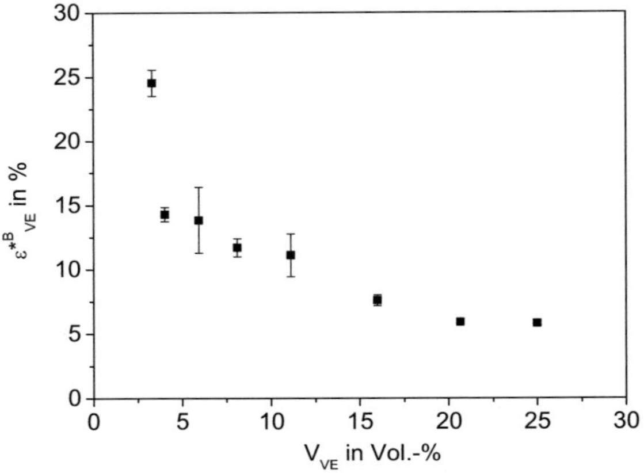

Abbildung 5.17: Totaldehnung bei Verstärkungselementbruch ε^{*B}_{VE} innerhalb des Verbundes gegen den Verstärkungsgehalt V_{VE}

Abbildung 5.18 zeigt den Vergleich der experimentell und rechnerisch ermittelten Restzugfestigkeit des Matrixmaterials σ_{IV} nach Gleichung 2.8. Hierbei ist eine sehr gute Übereinstimmung der Abschätzung mit Ausnahme für einen Volumengehalt von $V_{VE} = 25$ Vol.-% erkennbar [Mei10].

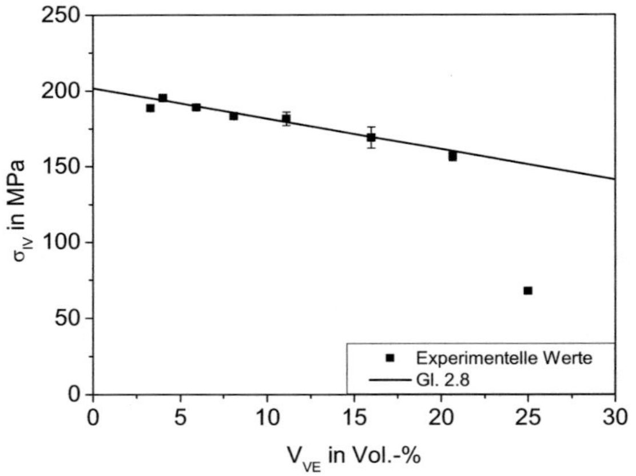

Abbildung 5.18: Restfestigkeit des Matrixmaterials σ_{IV} gegen den Verstärkungsgehalt V_{VE} im Vergleich zur Mischungsregel

Die dabei gemessene geringe Restfestigkeit der Matrix ist vermutlich auf die durch den Verstärkungselementbruch schlagartig freigesetzte elastische Energie zurückzuführen.

5.2.3 Charakterisierung des Verbundes bei einem Verstärkungsanteil von 11,1 Vol.-%

Da im vorhergehenden Abschnitt dargelegt werden konnte, dass ein ausgeprägter Verstärkungseffekt anhand des Anstiegs der 0,2 %-Dehngrenze $R_{p0,2}$ erst ab ca. 11,1 Vol.-% erzielt werden kann und höhere VE-Gehalte nur mit großem Aufwand bei der Probenfertigung zu realisieren sind, wird im Folgenden der Fokus auf das Schädigungsverhalten mit 11,1 Vol.-% verstärkter Proben gerichtet. Durch den gleichen Proportionalitätsfaktor bezüglich der Anfangsmesslänge und des Probendurchmessers sowohl für das unverstärkte als auch für das verstärkte Material wird nun ebenfalls detaillierter auf das Schädigungsverhalten nach Einschnürung eingegangen. Abbildung 5.19 zeigt den Vergleich zwischen den unverstärkten und den verstärkten Proben im Wärmebehandlungszustand T4 (F) (links) sowie T6 (rechts). Allgemein ist festzustellen, dass der Verstärkungsanteil von 11,1 Vol.-% zu einer Erhöhung der Festigkeiten führt, die Duktilität aber abnimmt.
Zudem konnte durch die T6-Wärmebehandlung eine Steigerung der Festigkeit des unverstärkten Materials erzielt werden, wohingegen die Duktilität abgenommen hat.

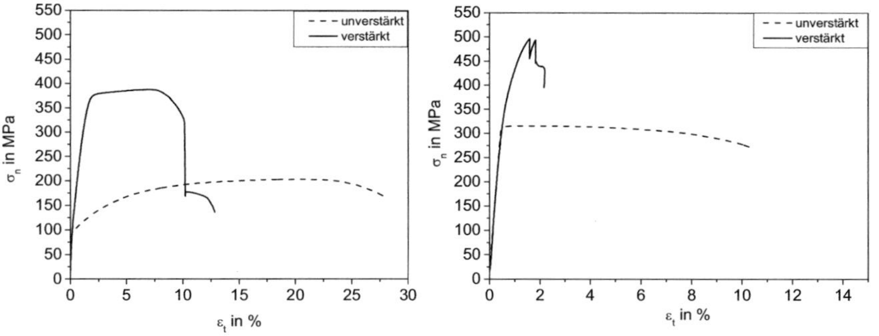

Abbildung 5.19: Ausgewählte Zugverfestigungskurven von unverstärkten und mit 11,1 Vol.-% verstärkten Proben in den Wärmebehandlungszuständen T4 (F) (links) und T6 (rechts)

Die in Abbildung 5.19 (links) dargestellte Zugverfestigungskurve der Verbundprobe zeigt nach einem steilen Anstieg der Nennspannung bis zu einem Wert von ca. 375 MPa einen flachen Bereich mit geringem Anstieg bis $\varepsilon_t \approx 7{,}5$ %. Nachfolgend tritt ein stetiger Spannungsrückgang bis zum Versagen des Verstärkungselementes ein, was durch einen abrupten Spannungsabfall bei einer Totaldehnung von $\varepsilon_t \approx 10$ % gekennzeichnet ist. Anschließend erfolgen ein geringer Spannungsanstieg sowie die Verformung des Matrixmaterials bis zum Bruch der Probe bei einer Totaldehnung von $\varepsilon_t \approx 13$ %.

Bei den in Abbildung 5.19 (rechts) gezeigten Zugverfestigungskurven der verstärkten und unverstärkten Proben im Wärmebehandlungszustand T6 ist zu erkennen, dass die Duktilität durch die Wärmebehandlung deutlich abgenommen hat. Dabei konnte metallographisch festgestellt werden, dass das Versagen der Verbundproben größtenteils zunächst vom Bruch des Verstärkungselementes im Probenkopf eingeläutet wird. Im Anschluss erfolgt der Bruch des Matrixmaterials an anderer Stelle, einhergehend mit dem Herausziehen des Verstärkungselementes, was aus Gründen der Übersichtlichkeit nicht in Abbildung 5.19 dargestellt ist.

Aus Tabelle 5.3 ist zu entnehmen, dass die bezüglich der Festigkeit optimierte T6-Wärmebehandlung einen Festigkeitsanstieg ($R_{p0,2}$) unverstärkter Proben um mehr als 200 % mit sich bringt.

Dabei kann konstatiert werden, dass das Verfestigungsverhalten, ausgedrückt durch den Quotienten $R_m/R_{p0,2}$, stark eingeschränkt wird. So zeigt das unverstärkte Material im Wärmebehandlungszustand T6 näherungsweise ideal elastisch-plastisches Verhalten bis zur Zugfestigkeit.

Beim verstärkten Material ist eine Erhöhung der 0,2 %-Dehngrenze $R_{p0,2}$ von mehr als 150 % augenscheinlich. Die eingeschränkte Verfestigung des Matrixmaterials führt zu einer Erhöhung der Zugfestigkeit um lediglich ca. 30 %.

Tabelle 5.3: **Vergleich der mechanischen Kennwerte für die Wärmebehandlungszustände T4 (F) und T6 unverstärkter (uv) und verstärkter (v) Proben**

Werkstoffsystem	**$R_{p0,2}$ in MPa**	**in %**	**R_m in MPa**	**in %**	**$R_m/R_{p0,2}$**	**$A_{g,t}$ in %**	**in %**	**ε_M^B in %**	**in %**
T4 (F) uv	99	± 1,3	202	± 1,0	2,0	20,7	± 1,6	28,0	± 0,2
T4 (F) v	146	± 7,1	394	± 2,4	2,7	8,5	± 13,0	13,3	± 3,3
T6 uv	317	± 0,6	317	± 0,6	1,0	0,9	± 17,6	11,2	± 2,7
T6 v	392	± 4,6	499	± 0,7	1,3	0,5	± 20,8	4,7	± 54,9

Metallographische und fraktographische Untersuchungen

Um das Schädigungsverhalten unter Zugbeanspruchung phänomenologisch zu analysieren, wurden die Versuche bei bestimmten Totaldehnungen ε_t (4 %, 7 %, 9 %, 10,5 %) unterbrochen, um Längsschliffe entlang der Probenachse anzufertigen. Abbildung 5.20 bis Abbildung 5.23 zeigen Längsschliffe bei verschiedenen Totaldehnungen verstärkter Proben im Wärmebehandlungszustand T4 (F).

Abbildung 5.20 stellt den Längsschliff einer Probe dar, die bis zu einer Totaldehnung von $\varepsilon_t = 4$ % belastet wurde. Die gezeigte Verjüngung hin zur Probenmitte ist vermutlich ebenfalls auf die Krümmung der Probe, bedingt durch die leichte exzentrische Verstärkungselementlage sowie durch die sich nach Entlastung einstellenden Eigenspannungen und die damit erschwerte Einbettung der Probe, zurückzuführen.

Bei dieser Probe sind eine intakte Grenzfläche und – mit Ausnahme der auf den Eigenspannungszustand zurückzuführenden Deformation – keine Schädigung der Komponenten augenscheinlich.

Abbildung 5.20: Längsschliff einer mit 11,1 Vol.-% verstärkten T4 (F)-Probe bei $\varepsilon_t = 4$ % (oben: Gesamtübersicht, unten: Übersicht entlang Grenzfläche)

In Abbildung 5.21 sind neben der Krümmung der Probe ($\varepsilon_t = 7$ %) an mehreren Stellen des Verstärkungselementes außerdem Einschnürungen erkennbar.

Abbildung 5.21: Längsschliff einer mit 11,1 Vol.-% verstärkten T4 (F)-Probe bei $\varepsilon_t = 7$ % (oben: Gesamtübersicht, unten: Übersicht entlang Grenzfläche)

Abbildung 5.22 stellt den Längsschliff einer bis zu einer Totaldehnung von $\varepsilon_t = 9$ %, also unmittelbar nach dem Spannungsabfall und kurz vor Bruch des Verstärkungselementes, belasteten Probe dar, die lediglich eine geringe Krümmung zeigt.

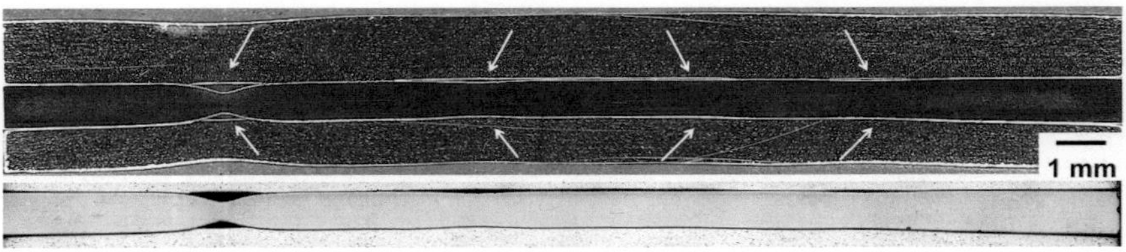

Abbildung 5.22: Längsschliff einer mit 11,1 Vol.-% verstärkten T4 (F)-Probe bei $\varepsilon_t = 9$ % (oben: Gesamtübersicht, unten: Übersicht entlang Grenzfläche)

Auffällig ist hier insbesondere die deutlich fortgeschrittene Einschnürung des Verstärkungselementes, gekoppelt mit seiner Delamination von der Matrix (Abbildung 5.22, linke Seite). Dabei ist ebenso ein Mitführen des Matrixmaterials hin zur Probenmitte zu verzeichnen. Ferner ist hier die mehrfache Einschnürung des Verstärkungselementes entlang der Versuchslänge zu erkennen, siehe Abbildung 5.22 Mitte sowie rechte Seite. Zudem ist die Einschnürung an der Probenoberfläche innerhalb des Matrixmaterials auf der linken sowie rechten Seite von Abbildung 5.22 augenscheinlich. Dabei ist die plastische Verformung der Matrix an der Stelle der am weitesten ausgeprägten Verstärkungselementeinschnürung am deutlichsten.
Abbildung 5.23 zeigt einen Längsschliff unmittelbar nach Bruch des Verstärkungselementes. Hierbei sind die Mehrfacheinschnürung und die Ablösung des Verstärkungselementes von der Matrix zu erkennen.

Abbildung 5.23: Längsschliff einer mit 11,1 Vol.-% verstärkten T4 (F)-Probe bei ε_t = 10,5 % (oben: Gesamtübersicht, unten: Übersicht entlang Grenzfläche)

Bedingt durch den Bruch des Verstärkungselementes und die damit abgebauten Eigenspannungen ist eine wie in Abbildung 5.22 ersichtliche Krümmung der Probe nahezu völlig aufgehoben. Des Weiteren ist ein Längsriss im Verstärkungselement ausgehend von dessen Bruchflächen augenscheinlich. Dies ist vermutlich auf das inhomogene Gefüge zurückzuführen. Der Abstand der beiden Bruchflächen des Verstärkungselementes beträgt dabei ca. 270 µm. Die bei der Bruchstelle des Verstärkungselementes entstandene Delaminationslänge beträgt ca. 1 mm.
Abbildung 5.24 zeigt die Bruchfläche einer mit 11,1 Vol.-% verstärkten Probe, mit Detailaufnahmen der duktilen Bruchflächen des Verstärkungselementes (unten links) und der Matrix (unten rechts).
Dabei ist zu erkennen, dass das in der Matrix eingebettete Verstärkungselement, wie bereits bei den Längsschliffen ersichtlich, nicht immer zentrisch in der Probe eingelagert ist. Es ist die Einschnürung sowohl der Matrix als auch des Verstärkungselemen-

tes zu sehen. Durch die Einschnürung des Verstärkungselementes und die in diesem Bereich auftretende Delamination ist ein Spalt zwischen den beiden Komponenten deutlich zu erkennen [Ari10] [Mei10].

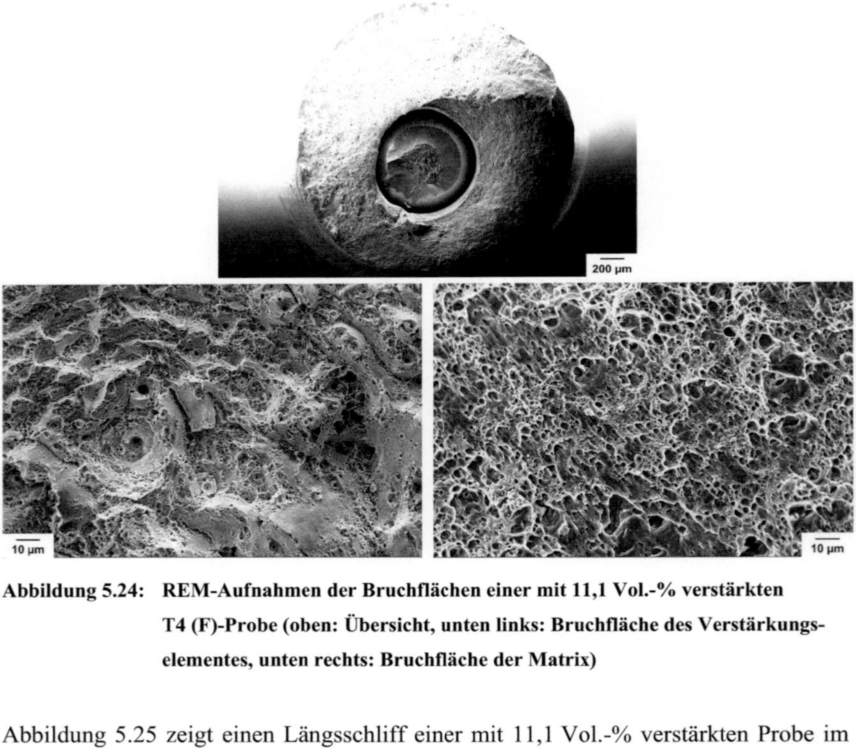

Abbildung 5.24: REM-Aufnahmen der Bruchflächen einer mit 11,1 Vol.-% verstärkten T4 (F)-Probe (oben: Übersicht, unten links: Bruchfläche des Verstärkungselementes, unten rechts: Bruchfläche der Matrix)

Abbildung 5.25 zeigt einen Längsschliff einer mit 11,1 Vol.-% verstärkten Probe im Wärmebehandlungszustand T6 nach Versuchsende. Dabei ist der anhand der unterschiedlichen Bruchstellen der Matrix und der Ablösung des Verstärkungselementes von der Matrix herrührende Pull-Out-Effekt (vgl. Abbildung 5.19 (rechts)) innerhalb des Probenkopfes ersichtlich.

Abbildung 5.25: Längsschliff an einer mit 11,1 Vol.-% verstärkten T6-Probe nach Versuchsende

Anwendung der Schallemissionsanalyse

Aufgrund vorangegangener Untersuchungen konnte durch den Einsatz von Breitbandsensoren eine nur geringe Schallemissionsaktivität während der Verfestigung unverstärkter Proben festgestellt werden. Somit wurden die innerhalb dieses Abschnittes gezeigten Untersuchungen mittels resonanter Sensoren (VS600-Z1) durchgeführt [Hen11]. Die Positionierung der Sensoren erfolgte sowohl für das unverstärkte als auch für das mit 11,1 Vol.-% verstärkte Material mittig auf dem Probenkopf.

Abbildung 5.26 (links) zeigt den Vergleich einer exemplarischen Zugverfestigungskurve der unverstärkten Matrixlegierung EN AW-6082-T4 (F) mit den akustisch ermittelten kumulierten Counts C_{kum}.

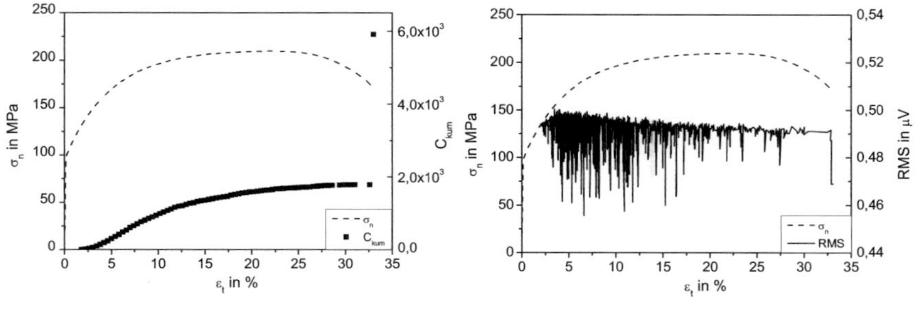

Abbildung 5.26: Exemplarischer Vergleich der Zugverfestigungskurve einer unverstärkten T4 (F)-Probe mit den akustischen Kenndaten (links: C_{kum}, rechts: RMS) (untere Sensorposition)

Hierbei ist ab einer Totaldehnung von $\varepsilon_t \approx 1{,}8$ % ein Anstieg der kumulierten Counts in ein Plateau ($\varepsilon_t \approx 30$ %) zu verzeichnen. Ab dem einsetzenden Bruch der Probe ist ein abrupter Anstieg der kumulierten Counts zu konstatieren.

Abbildung 5.26 (rechts) stellt den Verlauf des RMS-Wertes und die Zugverfestigungskurve gegenüber. Dabei können ab einer Dehnung von $\varepsilon_t \approx 2$ % erste Ausschläge des RMS-Wertes registriert werden. Mit zunehmender Verformung erfolgt ein Anstieg der Maximalwerte, die ab einer Dehnung von $\varepsilon_t \approx 5$ % abnehmen. Zudem ist eine Abnahme der RMS-Schwankungsbreite zu konstatieren. Bei Bruch der Probe ist ein einzelner Ausschlag des RMS-Wertes zu verzeichnen.

Abbildung 5.27 zeigt die Ortung der detektierten Schallemissionen entlang der Probenachse während des Versuchs. Die durch die äußere Belastung verursachte Zunahme der Messlänge Δl im Vergleich zur Anfangsmesslänge (l_0 = 10 mm, vgl. Abschnitt 3.2.2) wurde auf die komplette Versuchslänge (l_0 = 20 mm, vgl. Abschnitt 3.2.2) bezogen und in die Lokalisierung (vgl. Gleichung 2.17) integriert, sodass die modifizierte Lokalisation $x_{lok,mod}$ wie folgt angegeben werden kann:

$$x_{lok,mod} = \frac{x_1 + x_2 + 2 \cdot \Delta l - v \cdot \Delta t}{2} \qquad \textbf{Gleichung 5.1}$$

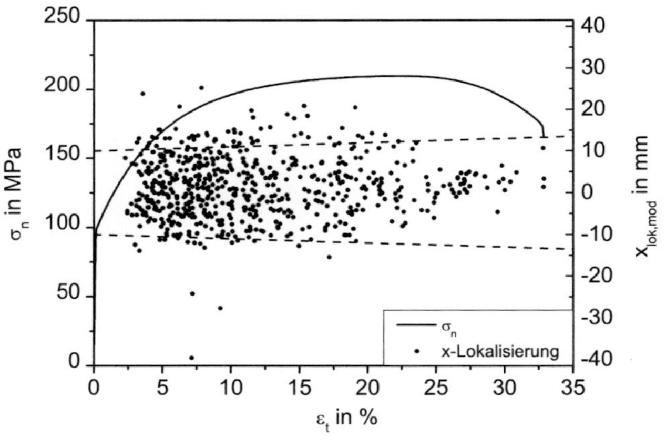

Abbildung 5.27: Ortung der Verformung bzw. der Schädigung einer unverstärkten T4 (F)-Probe (Autokalibrierung: v_{Schall} = 4.888 m/s)

Die eingezeichneten Geraden entsprechen der bei der jeweiligen Dehnung vorliegenden Versuchslänge und – zur Vereinfachung – unter Vernachlässigung der durch die Einschnürung bedingten Dehnungslokalisation.

Die Lokalisierung der während der Verfestigung detektierten Schallsignale, die – gemessen an der Häufung der Ereignisse – mit zunehmender Verformung abnimmt, ist innerhalb der gesamten Versuchslänge erkennbar. Ab der Gleichmaßdehnung von $\varepsilon_t \approx 22{,}5$ % nimmt die Dichte der lokalisierten Ereignisse ab und konzentriert sich auf den mittleren Probenbereich.

Abbildung 5.28 (links) verdeutlicht die während der Verfestigung auftretenden lokalisierten Hits bis zur Gleichmaßdehnung ($\varepsilon_t \approx 22{,}5$ %), wobei eine Konzentration auf die komplette Versuchslänge augenscheinlich ist.

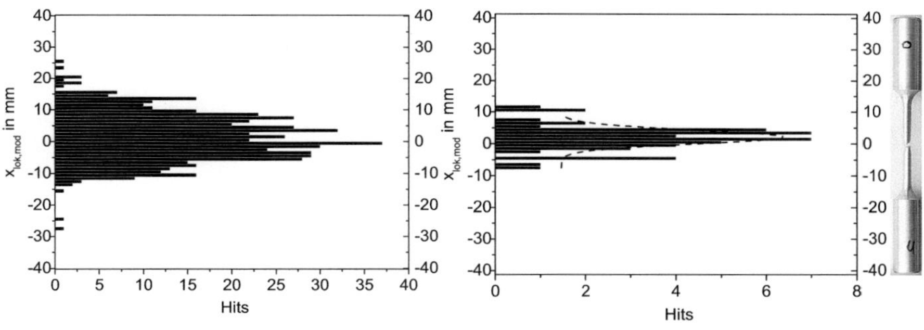

Abbildung 5.28: Ortung der Verformung (links, $\varepsilon_t < 22{,}5$ %) und der Schädigung (rechts, $\varepsilon_t > 22{,}5$ %) einer unverstärkten T4 (F)-Probe (Autokalibrierung: $v_{Schall} = 4.888$ m/s)

Im Vergleich dazu stellt Abbildung 5.28 (rechts) die Lokalisierung der Hits ab der Einschnürung ($\varepsilon_t \approx 22{,}5$ %) dar. Durch Anwendung der Gauß'schen Normalverteilung zeigt sich eine sehr gute Übereinstimmung mit der realen Bruchstelle.

Abbildung 5.29 (links) stellt die Zugverfestigungskurve der mit 11,1 Vol.-% verstärkten Matrix und den Verlauf der kumulierten Counts C_{kum} gegenüber.

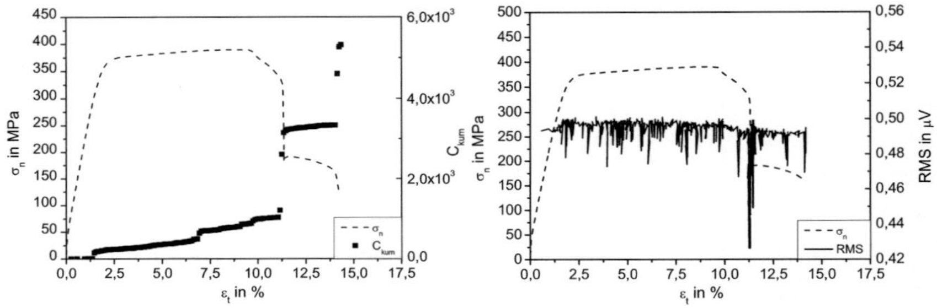

Abbildung 5.29: Exemplarischer Vergleich der Zugverfestigungskurve einer verstärkten T4 (F)-Probe mit den akustischen Kenndaten (links: C_{kum}, rechts: RMS) (untere Sensorposition)

Hierbei ist festzuhalten, dass bereits bei kleinen Dehnungen zu Beginn des Bereiches II erste Schallemissionsaktivitäten detektiert werden. Innerhalb des Plateaubereiches ist ein kontinuierlicher Anstieg der kumulierten Counts zu registrieren. Sehr deutlich ist der abrupte Anstieg der kumulierten Counts bei Bruch des Verstärkungselementes zu erkennen. Bei Einsetzen des Bruchs der Matrix am Ende des Bereiches IV ist ein steiler Anstieg von C_{kum} zu verzeichnen.

Abbildung 5.29 (rechts) stellt den Verlauf des RMS-Wertes dar, wobei hier besonders die Schwankungsbreite ab Beginn des Bereiches III auffällig ist. Des Weiteren zeigt dieser Wert sowohl bei Bruch des Verstärkungselementes als auch bei Bruch der Matrix einen größeren Ausschlag.

Abbildung 5.30 (links) verdeutlicht die Lokalisierung der Hits während der Verformung sowie während der Schädigung entlang der Probenachse. Dabei ist ersichtlich, dass die im Bereich III auftretenden Schallemissionen nicht nur innerhalb der Versuchslänge registriert werden. Erst kurz vor Versagen des Verstärkungselementes ist eine Verdichtung der lokalisierten Hits im unteren Teil der Versuchslänge augenscheinlich.

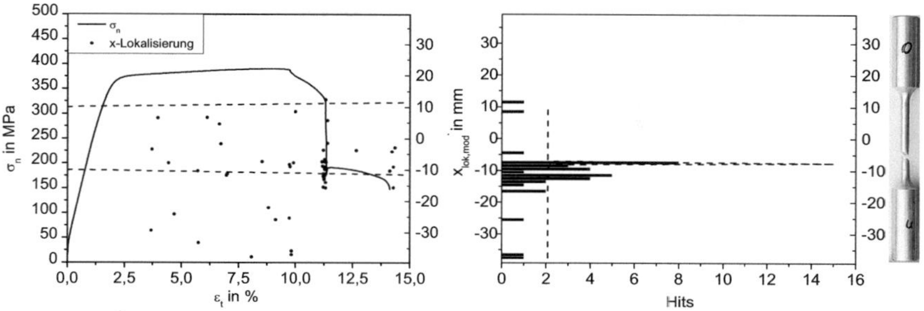

Abbildung 5.30: Ortung der Verformung und Schädigung einer T4 (F)-Verbundprobe (links), rechts: 9,6 % < ε_t < 11,4 % (Autokalibrierung: v_{Schall} = 4.871 m/s)

Zur Verdeutlichung der Schädigungslokalisierung zeigt Abbildung 5.30 (rechts) die lokalisierten Hits ab der Zugfestigkeit bis kurz nach Verstärkungselementbruch (9,6 % < ε_t < 11,4 %). Dabei kann durch die Gauß'sche Normalverteilung eine gute Übereinstimmung zwischen georteten Hits und der realen Bruchstelle konstatiert werden.

Der Vergleich der Schallemissionsdaten mit der Zugverfestigungskurve einer unverstärkten Probe im Wärmebehandlungszustand T6 ist in Abbildung 5.31 dargestellt. Abbildung 5.31 (links) zeigt hierbei den Verlauf der kumulierten Counts C_{kum}, wobei ab einer Dehnung von $\varepsilon_t \approx 1$ % ein Anstieg zu verzeichnen ist, der bei der Probeneinschnürung in einen Plateaubereich mündet.

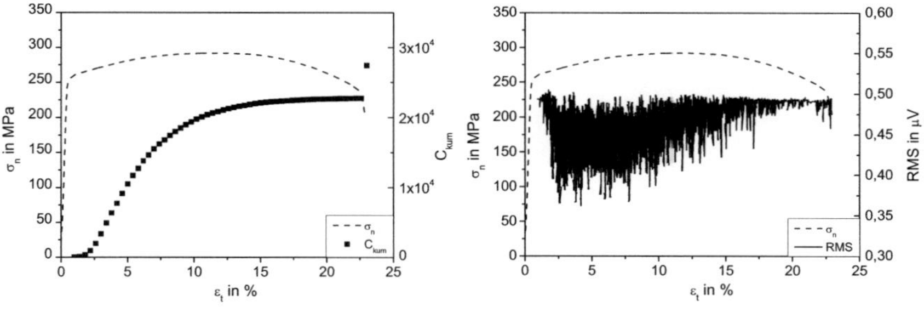

Abbildung 5.31: Exemplarischer Vergleich der Zugverfestigungskurve einer unverstärkten T6-Probe mit den akustischen Kenndaten (links: C_{kum}, rechts: RMS) (untere Sensorposition)

Bei Probenbruch ist ein deutlicher Anstieg der kumulierten Counts zu erkennen. Abbildung 5.31 (rechts) zeigt den Verlauf des RMS-Wertes, wobei mit zunehmender Dehnung starke Ausschläge zu konstatieren sind, die kurz nach der Probeneinschnürung abnehmen. Bei Bruch der Probe ist ein kurzzeitiger Ausschlag augenscheinlich. Abbildung 5.32 stellt die georteten Hits während des Versuchs dar.

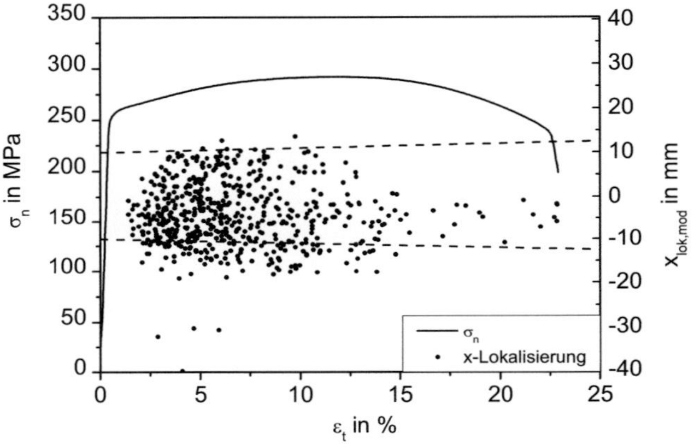

Abbildung 5.32: Ortung während der Verformung und Schädigung einer unverstärkten T6-Probe (Autokalibrierung: v_{Schall} = 4.935 m/s)

Die meisten der während der Verfestigung lokalisierten Hits verteilen sich gleichmäßig auf die gesamte Versuchslänge. Ab Beginn der Einschnürung sind weniger Hits augenscheinlich und eine Konzentration im unteren Probenbereich ist ersichtlich.
Zur Verdeutlichung zeigt Abbildung 5.33 (links) die lokalisierten Hits bis zur Gleichmaßdehnung (ε_t < 11,9 %). Die bis dahin georteten Hits können über der gesamten Versuchslänge detektiert werden.

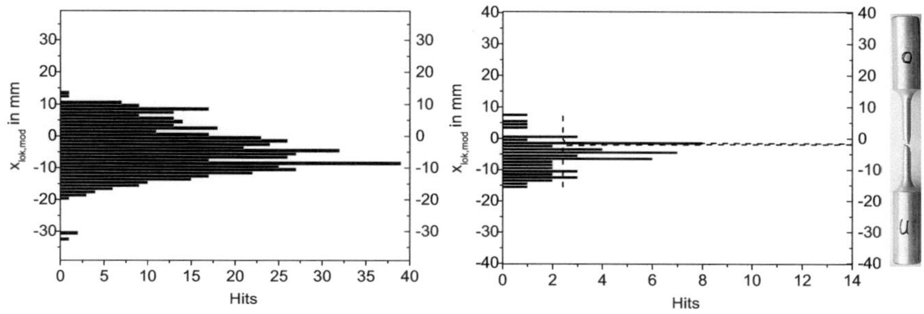

Abbildung 5.33: Ortung während der Verformung (links: ε_t < 11,9 %) und Schädigung (rechts: ε_t > 11,9 %) einer unverstärkten T6-Probe (Autokalibrierung: v_{Schall} = 4.935 m/s)

Dagegen zeigt Abbildung 5.33 (rechts) die lokalisierten Hits ab Beginn der Einschnürung (ε_t > 11,9 %), die sich stark auf einen Teil der Versuchslänge konzentrieren und deren Maximum eine sehr gute Übereinstimmung mit der realen Bruchstelle aufweist. Abbildung 5.34 (links) stellt den Vergleich zwischen den kumulierten Counts C_{kum} und dem Spannungs-Dehnungs-Verlauf einer verstärkten T6-Probe dar. Im Bereich II zeigt sich ein stufenartiger Anstieg der kumulierten Counts bei einer Dehnung von ε_t $\approx$ 1 %.

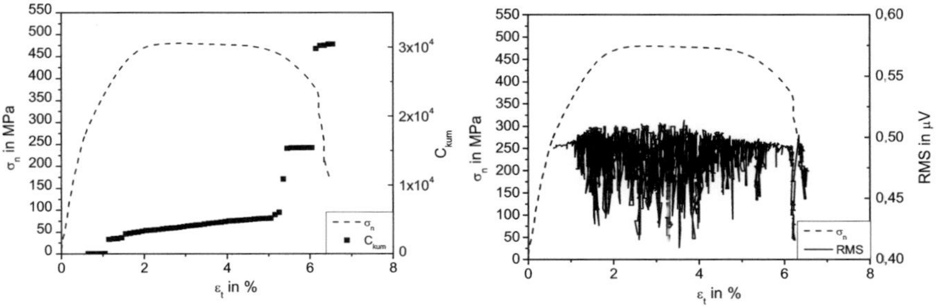

Abbildung 5.34: Exemplarischer Vergleich der Zugverfestigungskurve einer verstärkten T6-Probe mit den akustischen Kenndaten (links: C_{kum}, rechts: RMS) (untere Sensorposition)

Neben dem stetigen Anstieg innerhalb des Bereiches III ist der zweistufige steile Anstieg der kumulierten Counts zunächst beim Spannungsrückgang ($\varepsilon_t \approx 5$ %) sowie beim Spannungsabfall ($\varepsilon_t \approx 6{,}2$ %) – durch Bruch des Verstärkungselementes – ersichtlich.
Des Weiteren zeigt Abbildung 5.34 (rechts) hohe Schallemissionsaktivität durch eine hohe Schwankungsbreite des RMS-Wertes innerhalb des Bereiches III. Zudem ist ein hoher Ausschlag des RMS-Wertes bei Verstärkungselementbruch zu konstatieren. Ab einer Dehnung von $\varepsilon_t \approx 2$ % sind die innerhalb des Bereiches III georteten Signale über der gesamten Versuchslänge augenscheinlich, siehe Abbildung 5.35 (links). Dabei sind erste Konzentrationen der detektierten Hits ab dem Spannungsrückgang festzustellen.

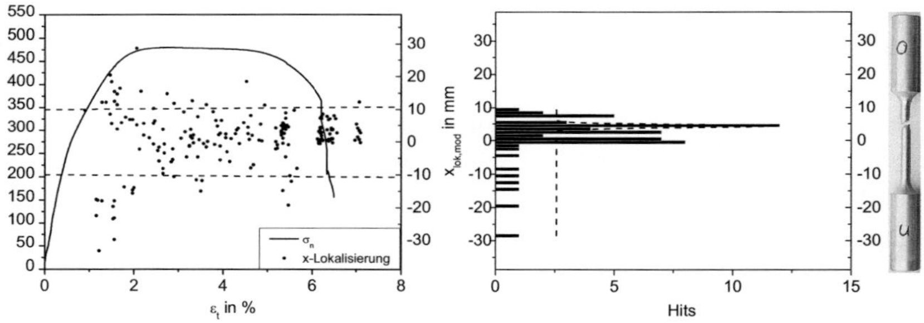

Abbildung 5.35: Ortung während der Verformung und Schädigung einer verstärkten T6-Probe (Autokalibrierung: v_{Schall} = 4.951 m/s)

Einen detaillierteren Einblick in die Schädigungslokalisation liefert Abbildung 5.35 (rechts). Dabei wurde eine Einschränkung auf die lokalisierten Hits ab dem Spannungsrückgang bis kurz nach Bruch des Verstärkungselementes (5 % < ε_t < 6,3 %) durchgeführt. Dadurch zeigt sich eine sehr gute Übereinstimmung mit der realen Bruchstelle.

5.2.4 Modellierung und Diskussion

Modellierung

Die durch [Cou00] erweiterte Beschreibung des Zugverfestigungsverhaltens unidirektional verstärkter Verbunde nach [Kel65a] umfasst das Verformungs- und Schädi-

gungsverhalten der Restmatrix nach Verstärkungselementbruch. Dabei wird angenommen, dass sich die Restmatrix bis zur Bruchtotaldehnung des unverstärkten Materials gemäß der Spannungsmischungsregel nach Gleichung 2.8 dehnt. Die in Gleichung 2.10 und Gleichung 2.11 benötigten Parameter α und β wurden nach Gleichung 2.9 sowie mit der in Tabelle 5.3 angegebenen Gleichmaß- sowie Bruchtotaldehnung berechnet (α = 0,2 und β = 0,4). Die reduzierte Messlänge L'_0 wurde auf 1 mm festgelegt gemäß des in Abbildung 5.23 ersichtlichen Spaltes.
Die Erweiterung nach [Wei06c] bezüglich der auftretenden Dehnungen im Bereich IV führt zu einer Reduktion der Dehnungen. Abbildung 5.36 zeigt den Vergleich zwischen experimentell bestimmter Zugverfestigungskurve einer mit 11,1 Vol.-% verstärkten Probe und dem erweiterten Modell nach [Wei06c].

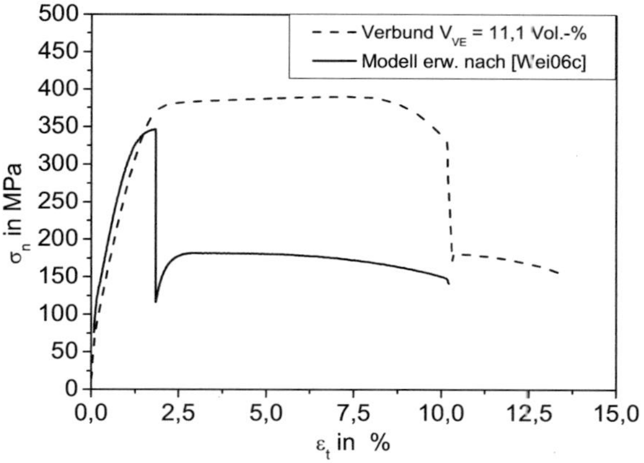

Abbildung 5.36: Vergleich zwischen experimentell bestimmter Zugverfestigungskurve und erweitertem Modellverhalten nach [Wei06c] für 11,1 Vol.-% verstärkte T4 (F)-Proben

Zunächst ist eine sehr gute Übereinstimmung zwischen Experiment und Modell innerhalb des elastischen Bereiches I zu verzeichnen. Bereich II kann ebenfalls relativ genau vorhergesagt werden. Der Übergang zu Bereich III kann bezüglich der Dehnung relativ genau bestimmt werden; allerdings liegt das vorhergesagte Spannungsniveau kurz vor dem prognostizierten Verstärkungselementbruch um ca. 30 MPa unterhalb des experimentell bestimmten Wertes. Der sich im Experiment nach Verstärkungselementbruch einstellende Spannungswert innerhalb der Restmatrix von ca. 171 MPa wird ebenfalls durch das Modell unterschätzt. Auffällig beim Modell ist vor allem das konservative Verformungs- und Schädigungsverhalten innerhalb des Bereiches III sowie die optimistische Einschätzung der Matrixverformung innerhalb des Bereiches IV.

Eine Quantifizierung der Verbundgleichmaßdehnung $A_{g,t,V}$ in Abhängigkeit vom Verstärkungsgehalt V_{VE} erfolgte durch [Mil69] (vgl. Gleichung 2.12). Da das Einschnürverhalten bzw. die Einschnürdehnung des Verbundes zudem vom Verstärkungsgehalt abhängt (vgl. Abbildung 5.13), beinhaltet Gleichung 5.2 eine Modifikation von Gleichung 2.12 hinsichtlich der Totaldehnung bei Bruch des Verstärkungselementes innerhalb des Verbundes ε_{VE}^{*B}:

$$V_{VE} = \frac{1}{1 + \gamma \cdot \frac{(\varepsilon_{VE}^{*B} - A_{g,t,VE})}{(A_{g,t,M} - \varepsilon_{VE}^{*B})} \cdot (\varepsilon_{VE}^{*B})^{(A_{g,t,VE} - A_{g,t,M})}}$$ **Gleichung 5.2**

Abbildung 5.37 zeigt den Vergleich der experimentell (vgl. Abbildung 5.17) und rechnerisch nach Gleichung 5.2 ermittelten Totaldehnung bei Bruch des Verstärkungselementes innerhalb des Verbundes ε_{VE}^{*B} in Abhängigkeit vom Verstärkungsgehalt V_{VE}.

Die innerhalb Gleichung 5.2 benötigten Gleichmaßdehnungen der beiden Einzelkomponenten (für V_{VE} = 0 Vol.-% sowie V_{VE} = 100 Vol.-%) sind aus Tabelle 5.2 und Tabelle 5.3 zu entnehmen. Dabei kann eine sehr gute Übereinstimmung mit den experimentell ermittelten Werten, mit Ausnahme des Verstärkungsgehaltes von 3,3 Vol.-%, festgehalten werden.

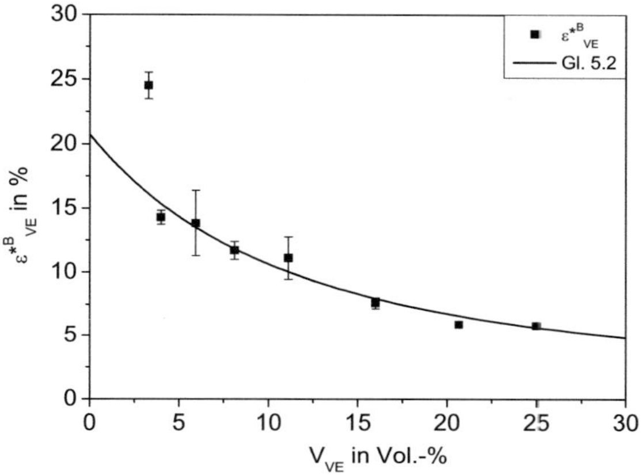

Abbildung 5.37: Vergleich der zwischen experimentell und rechnerisch ermittelten Totaldehnung bei Bruch des Verstärkungselementes in Abhängigkeit vom Verstärkungsgehalt

Wie die vorherigen Untersuchungen gezeigt haben, erfährt der Verbund bzw. das Verstärkungselement bereits innerhalb des Bereiches III ab $\varepsilon_t \approx 7$ % (vgl. Abbildung 5.21) eine Einschnürung, was in Einklang mit den Untersuchungen von [Ham08] [Kel65a] steht. Diese Einschnürung ergibt sich aus der multiplen Einschnürung des Verstärkungselementes sowie der des Matrixmaterials an der am meisten vorangeschrittenen Einschnürung der Verstärkung. Aus dieser Erkenntnis heraus wird fortan die in Abschnitt 2.3.2 nach [Wei06c] angegebene Gleichung 2.10 zur Berechnung der Gleichmaßdehnung nach Bruch des Verstärkungselementes vernachlässigt.

Da die Einschnürungsinitiierung nach Verstärkungselementbruch sowohl von der ehemaligen Grenzfläche im Inneren als auch von der Probenaußenfläche erfolgt, wird das Einschnürverhalten der Matrix im Folgenden genauer beschrieben. Dazu wurden unverstärkte Rohrproben (aus fertigungstechnischen Gründen) mit einem Innendurchmesser von 2 mm sowie einem Außendurchmesser von 4 mm angefertigt, um eine vergleichbare Matrixwandstärke von 1 mm wie bei den mit 11,1 Vol.-% verstärkten Proben zu erhalten. Die Anfangsmesslänge betrug dabei 18,4 mm gemäß dem Längen/Querschnittsverhältnis von 15 mm Anfangsmesslänge zu 3 mm Außen- und 1 mm Innendurchmesser bei 11,1 Vol.-% verstärkten Proben.

Abbildung 5.38 stellt den Vergleich der Zugverfestigungskurven von Voll- und Rohrproben gegenüber. Dadurch, dass hier lediglich die Einschnürdehnung von Interesse ist, wird die höhere Festigkeit der Rohrprobe dagegen vernachlässigt.

Da die Rohrprobe von innen sowie von außen einschnüren kann, beträgt die Einschnürdehnung der Rohrprobe ca. den 0,32-fachen (2,4 % / 7,6 %) Wert gegenüber der Vollprobe (vgl. Tabelle 5.3).

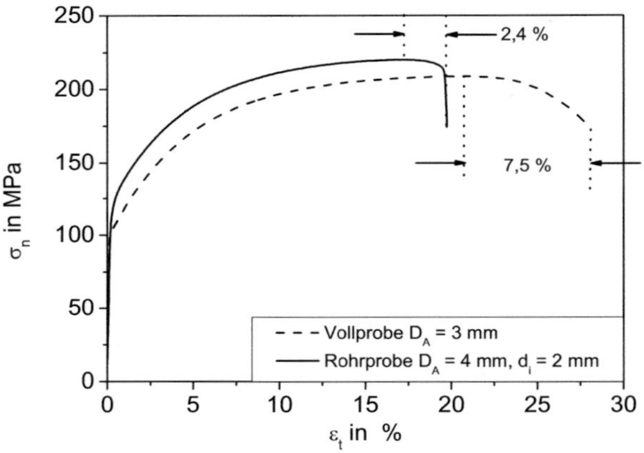

Abbildung 5.38: Exemplarische Zugverfestigungskurven einer Vollprobe und einer Rohrprobe

Durch Einbezug des Faktors 0,32 in den zweiten Term der Gleichung 2.11 nach [Wei06c] ergibt sich somit folgende Gleichung:

$$\varepsilon_{t,korr}^{Ein}(\varepsilon_t) = \varepsilon_{VE}^{*B} + 0{,}32 \cdot \frac{\beta \cdot \sqrt{V_M \cdot A_0}}{L_0 \cdot \left(\varepsilon_M^B - A_{g,t,M}\right)} \cdot \left(\varepsilon_t - A_{g,t,M}\right) \qquad \textbf{Gleichung 5.3}$$

für $\varepsilon_{VE}^{*B} \leq \varepsilon_t \leq \varepsilon_M^B$

Der Vergleich des modifizierten Modellverhaltens für die Bereiche III und IV mit der experimentell bestimmten Zugverfestigungskurve ist in Abbildung 5.39 dargestellt. Hier ist eine relativ gute Übereinstimmung hinsichtlich der Dehnungen zwischen dem modifizierten Modell und der experimentell bestimmten Zugverfestigungskurve zu erkennen. Die Abweichungen ergeben sich sowohl von der abgewandelten Probengeometrie als auch von der Proportionalität zwischen Anfangsmesslänge und -querschnittsfläche.

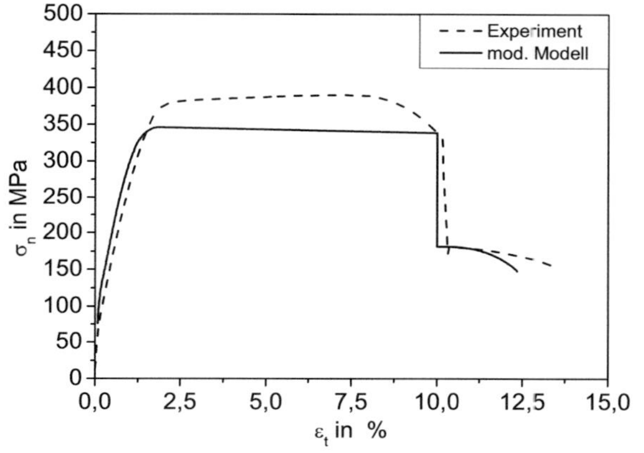

Abbildung 5.39: Vergleich zwischen experimentell bestimmter Zugverfestigungskurve und modifiziertem Modell für 11,1 Vol.-% verstärkte T4 (F)-Proben

Zunächst bleibt festzuhalten, dass die Verbundspannung, die zu Beginn des Plateaubereiches erreicht wird ($\sigma_V \approx 382$ MPa, $\varepsilon_t \approx 1{,}9$ %), um ca. 35 MPa unterschätzt wird. Für das Experiment ergibt sich bei Ermittlung der notwendigen Matrixspannung σ_M zum Erreichen der Verbundspannung im Plateaubereich nach Umstellen von Gleichung 2.3:

$$\sigma_M = \frac{(382\ \text{MPa} - 2095{,}4\ \text{MPa} \cdot 11{,}1\ \text{Vol.}-\%)}{(1 - 11{,}1\ \text{Vol.}-\%)} = 168\ \text{MPa} \qquad \textbf{Gleichung 5.4}$$

Diese Spannung stellt sich im unverstärkten Material bei einer Totaldehnung von $\varepsilon_t \approx 5{,}1$ % ein (vgl. Abbildung 5.19 (links)). Die laut Modell bei einer Dehnung von $\varepsilon_t \approx 1{,}9$ % vorliegende Spannung im unverstärkten Material beträgt ca. 131 MPa.
Somit verliert die von [Kel65a] angenommene Bedingung gleicher Dehnungen (vgl. Gleichung 2.2) ihre Gültigkeit. Trotzdem bleibt festzuhalten, dass das Modell insgesamt eine gute Abschätzung liefert.

Laut [Sae70] sind bei Verwendung von duktilen Verstärkungselementen höhere Verbundzugfestigkeiten als die durch das Modell vorhergesagten Festigkeiten möglich. Dabei lässt die verstärkte Matrix die Einschnürung des Verstärkungselementes erst bei höherer Spannung zu bzw. unterbindet die verfrühte Einschnürung [Sae70].
Die Matrixverformung nach Verstärkungselementbruch wird leicht unterschätzt, wohingegen die Restmatrixfestigkeit sehr gut mit der experimentell ermittelten übereinstimmt.

Diskussion

Es konnte gezeigt werden, dass die in Abschnitt 2.3.2 angegebenen Gleichungen zur Bestimmung der Steifigkeiten in den Bereichen I und II nach [Kel65a] sehr gute Übereinstimmungen mit den experimentell ermittelten Werten aufweisen (vgl. Abbildung 5.14). Dabei ist festzuhalten, dass, unter Einbezug der Matrixverfestigung, eine bessere Übereinstimmung mit den experimentellen Werten hinsichtlich der Steifigkeit in Bereich II konstatiert werden kann. Gleichermaßen liefern die Prognosen zur Bestimmung der Verbundfestigkeiten sowie der Restmatrixfestigkeit sehr gute Übereinstimmungen mit den gemessenen Werten. Die in Abbildung 5.16 gezeigte stetige Zunahme der Verbundzugfestigkeit, die gut mit dem Modellverhalten übereinstimmt, ist auf die Duktilität des Verstärkungselementes zurückzuführen [Kel65a] [Sae70]. So zeigte die Anwendung der in [Ham09b] beschriebenen modifizierten Gleichung zur Bestimmung der Verbundfestigkeiten, unter Einbezug der Matrixspannung bei Verstärkungselementbruch innerhalb des Verbundes, eine verbesserte Übereinstimmung als das durch [Kel65a] prognostizierte Verhalten. Nachteilig ist die Notwendigkeit der Kenntnis dieser Dehnung, die, wie in Abbildung 5.13 und Abbildung 5.17 ersichtlich, maßgeblich vom Verstärkungsgehalt abhängt. Des Weiteren zeigt Abbildung 5.18 eine gute Übereinstimmung der Abschätzung der Restfestigkeit mit den experimentellen Werten. Die Ursache für das stark von Gleichung 2.8 abweichende Verhalten bei einem Verstärkungsanteil von V_{VE} = 25 Vol.-% kann durch das nahezu augenblickliche Versagen der Restmatrix bei Verstärkungselementbruch erklärt werden, was vermutlich auf die reduzierte Tragfähigkeit der Matrix zurückgeführt werden kann [Mei10].
Der Abfall der Streckgrenze mit zunehmendem Verstärkungsgehalt (vgl. Abbildung 5.15 (links)) ist vermutlich auf die Herstellungseigenspannungen innerhalb der Matrix zurückzuführen. Durch das Drehen der Proben auf den gewünschten Verstärkungsge-

halt nimmt der Matrixanteil ab, sodass sich mit zunehmendem Verstärkungsgehalt höhere Eigenspannungen einstellen.
Bereits in [Cha98] und [Cor94] konnte ein Abfall der Streckgrenze mit zunehmendem Verstärkungsgehalt an partikelverstärkten Aluminiummatrixverbunden festgestellt werden. Die dabei angestellten, rechnerisch unterstützten Überlegungen zeigten, dass in Nähe der Partikel bereits bei rein elastischer Beanspruchung Mikroplastizität auftritt. So kann der in Abbildung 5.15 (links) gezeigte Effekt vermutlich auf den mit zunehmendem Verstärkungsgehalt steigenden Grenzflächenumfang zum Matrixvolumen-Anteil und der damit möglichen Vergrößerung der Plastifizierung des Matrixmaterials um das Verstärkungselement zurückgeführt werden. Der Anstieg der Streckgrenze ab 20 Vol.-% ist vermutlich auf den größeren Einfluss der Vorplastifizierung durch die zusätzliche Biegekomponente, die aus der leicht exzentrischen Drahtlage – bedingt durch den Fertigungsprozess – resultiert, zurückzuführen. Des Weiteren verdeutlicht die Zunahme der 0,2 %-Dehngrenze $R_{p0,2}$ sowie der in Abbildung 5.14 (rechts) gezeigte Verlauf der Steifigkeit im Bereich II das mit ansteigendem Verstärkungsgehalt zunehmende Verfestigungsverhalten, das ebenfalls bereits in [Cha98] für partikelverstärkte Aluminiummatrixverbunde festgestellt werden konnte.
Dies liefert vermutlich ebenfalls eine Erklärung, warum das durch [Mei10] angewandte Verfahren nach [Moe82] [Moe84a] zur Bestimmung der innerhalb des Verbundes vorliegenden Eigenspannungen ausgehend von den Spannungs-Dehnungs-Kurven der Einzelkomponenten nicht angewandt werden kann.
Eine zu Abbildung 5.17 vergleichbare Abnahme der Dehnung bis zum Verstärkungselementbruch mit zunehmendem Verstärkungsanteil wurde bereits durch [Ven70] an wolframverstärktem Messing gezeigt. Zudem konnte bereits durch [Pie65] eine exponentielle Abnahme der Verstärkungselementversagensdehnung mit zunehmendem Verstärkungsgehalt konstatiert werden. Das durch [Mil69] aufgestellte Modellverhalten fand erfolgreich Anwendung bei den experimentell ermittelten Verstärkungselementbruchdehnungen innerhalb des Verbundes.
Die metallographischen Untersuchungen haben bestätigt, dass die hohe Dehnung des Verbundes bis zum Bruch des Verstärkungselementes auf seine Mehrfacheinschnürung sowie auf die ausgeprägte Einschnürung an der Bruchstelle des Verstärkungselementes zurückzuführen ist (vgl. Abbildung 5.12 und Abbildung 5.24). Vergleichbare Beobachtungen an Aluminium-Stahl-Verbunden erfolgten bereits durch [Ham09b] [Sho74] [Wei06c] sowie an wolframverstärktem Kupfer [Sch70] [Ven70]. Eine Quantifizierung der Mehrfacheinschnürung durch Mikrohärteversuche an Längs-

schliffen durch [Mei10] blieb dagegen aus. Dabei bleibt festzuhalten, dass die Höhe der Einschnürdehnung von der Anzahl der Einschnürungen (bzw. deren verringertem Abstand) sowie von dem Grad der Einschnürung (radiale Verformung – Einschnürdehnung Z) abhängt [Ven70].

Das Schädigungsverhalten von 11,1 Vol.-% verstärkten Proben im Wärmebehandlungszustand T6 unterscheidet sich deutlich von den T4 (F)-Proben. So ist das Herausziehen des Verstärkungselementes bei Verbundproben im Wärmebehandlungszustand T6 vermutlich darauf zu begründen, dass die hohe Grenzflächenscherfestigkeit für den Wärmebehandlungszustand T6 (vgl. Tabelle 5.1) und die geringe Verfestigung des Matrixmaterials die Einschnürung des Verstärkungselementes und damit den Schädigungsbeginn unterdrückt (wie bereits durch [Wei06c] vermutet), sodass die Schädigungsinitiierung an einer anderen, schwächeren Stelle einsetzt. Diese Vermutung wird durch die Tatsache gestützt, dass die Verbundproben im Wärmebehandlungszustand T6 mit Klemmköpfen ein vergleichbares Schädigungsverhalten wie die Verbundproben im Wärmebehandlungszustand T4 (F) vorweisen, siehe Abbildung 5.40. Dabei zeigt sich hier ebenfalls der bereits am T4 (F)-Verbund ermittelte Plateaubereich mit anschließendem Verstärkungselementbruch.

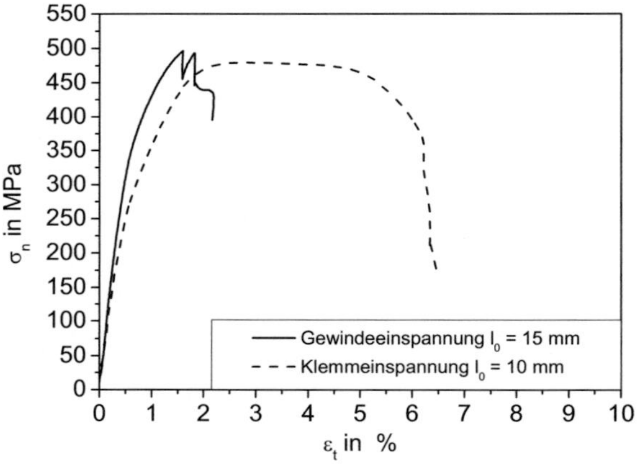

Abbildung 5.40: Exemplarischer Vergleich zwischen Klemm- und Gewindeeinspannung von T6-Verbundproben

Zudem kann festgehalten werden, dass die Haftung zwischen Matrix und Verstärkungselement in radialer Richtung innerhalb der Probenköpfe durch die Klemmeinspannung zusätzlich erhöht wird. Die im Vergleich schwächere Grenzflächenhaftung innerhalb der Versuchslänge führt zum Einschnüren des Verstärkungselementes. Dies resultiert in einer Ablösung des Verstärkungselementes von der Matrix und führt zu dessen anschließendem Versagen.
Um dennoch Abschätzungen treffen zu können, zeigt Abbildung 5.41 den Vergleich einer experimentell bestimmten Zugverfestigungskurve für das mit 11,1 Vol.-% verstärkte T6-Material mit dem Modellverhalten nach [Kel65a]. Dadurch, dass [Kel65a] vom Verstärkungselementversagen ausgeht, werden keine Aussagen über das weitere Verformungsverhalten nach dem Spannungsabfall getroffen, da dieser bei den T6-wärmebehandelten Proben (mit Gewindeköpfen) auf einen Pull-Out zurückgeführt werden kann. Allgemein kann eine relativ gute Übereinstimmung der Festigkeiten bis zum Versagen konstatiert werden, sodass das von [Kel65a] vorgeschlagene Modell für eine erste Einschätzung hier ebenfalls erfolgreich Anwendung findet.

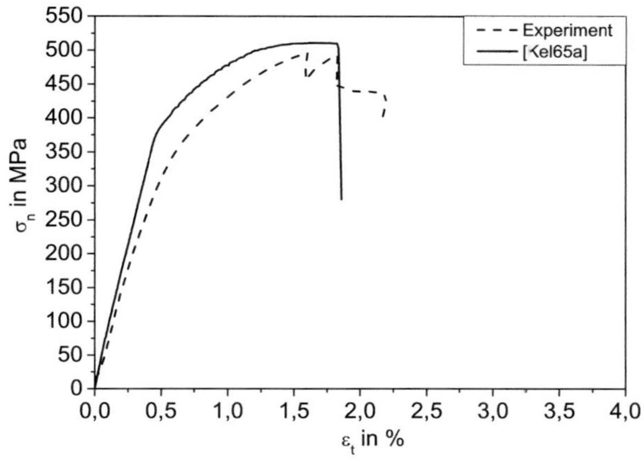

Abbildung 5.41: Vergleich zwischen experimentell bestimmter Zugverfestigungskurve und Modellverhalten nach [Kel65a] für 11,1 Vol.-% verstärkte T6-Proben

Die Ergebnisse der Schallemissionsanalyse zeigen eine Detektion der Verformung und der Schädigung sowohl an unverstärkten Proben als auch an Verbundproben. In [Hen11] wurde ebenfalls der Einfluss des Ansetzextensometers auf die Störgeräuschentwicklung untersucht, die im Vergleich zu den Versuchen mit Dehnungsmessung keinen Einfluss auf die Schallemissionsergebnisse zu haben scheint.

Die Verfestigung der Matrix innerhalb des Verbundes zeigt einen weitaus kleineren Anstieg der kumulierten Counts als beim unverstärkten Material, was vermutlich auf die geringere Verfestigung, die aus der geringeren Plastifizierung bzw. der höheren Steifigkeit resultiert, zurückzuführen ist. So lässt sich die hohe Schallemissionsaktivität – die durch den RMS-Wert gekennzeichnet ist – während der plastischen Verformung des unverstärkten Materials vermutlich durch die Versetzungsbewegung begründen [Hei87a]. Das Einsetzen der Schallemissionsaktivität nach Erreichen der Streckgrenze lässt auf eine höhere Versetzungsdichte schließen [Hei87a]. Die Ursache für die Abnahme der Aktivität mit zunehmender Verformung liegt vermutlich in den mit zunehmender plastischer Verformung reduzierten Laufwegen der Versetzungen [Hei87a]. Das Einsetzen der Einschnürung kann dagegen lediglich durch eine nachfolgende Verminderung der RMS-Schwankungen registriert werden.

Die im Bereich III bei Verbundproben innerhalb der Versuchslänge auftretenden Schallemissionen (vgl. Abbildung 5.30) sind vermutlich auf die plastische Verformung beider Komponenten, die Einschnürung des Verstärkungselementes sowie seine Ablösung von der Matrix zurückzuführen. Dennoch lassen weder die gemessene Schallemissionsaktivität noch die georteten Hits weitergehende Aussagen bezüglich einer Aufteilung der einzelnen Verformungs- und Schädigungsmechanismen zu.

Die maximale Abtastrate bei den hier getätigten Untersuchungen betrug 10 MHz, sodass die maximale theoretische Genauigkeit ca. 0,5 mm beträgt. Dabei wird die Ortungsgenauigkeit zudem unter anderem durch Reflexionen an Übergängen und an der Grenzfläche erschwert [Val03].

Es kann festgehalten werden, dass während der Verfestigung unverstärkter Proben eine sehr gute Übereinstimmung der georteten Schallsignale über der Versuchslänge der Proben vorliegt. Für verstärkte und unverstärkte Proben bleibt eine verlässliche in-situ-Lokalisierung der Schädigung allerdings aus. Dagegen zeigt die ex-post-Lokalisierung des Probenbruchs eine hinreichend große Genauigkeit mit der realen Bruchstelle.

Zusammenfassend sei erwähnt, dass die durch das Verbundstrangpressen hergestellten unverstärkten Profile lediglich geringe Einbußen in der Festigkeit im Vergleich zu [DIN08a] ($R_{p0,2} \approx 110$ MPa, $R_m \approx 205$ MPa) sowie eine höhere Bruchtotaldehnung [DIN08a] (14 %) zeigen. Da das Abschrecken an der Presse mit bewegter Luft auf-

grund der erhöhten Abschreckempfindlichkeit der Legierung eventuell unzureichend sein kann [Bir06] [Bom80] [Her68] [Roy04], ist eine Abschreckung mit Wasser unabdingbar [Ost07]. Dabei konnte durch eine nachfolgende Wärmebehandlung gezeigt werden, dass sich für das unverstärkte Material im Wärmebehandlungszustand T6 deutlich höhere Festigkeitswerte anhand der 0,2 %-Dehngrenze $R_{p0,2}$ sowie der Zugfestigkeit R_m wie [DIN08a] ($R_{p0,2} \approx 250$ MPa, $R_m \approx 295$ MPa) bei einer leicht erhöhten Bruchtotaldehnung gegenüber [DIN08a] (8 %) einstellen.
Zudem zeigt der Vergleich ähnliche Festigkeiten bezüglich der 0,2 %-Dehngrenze $R_{p0,2}$ zwischen unverstärkten T6-Proben ($R_{p0,2}$ = 317 MPa, vgl. Tabelle 5.3) und T4 (F)-Verbundproben mit einem Verstärkungsgehalt von 25 Vol.-% ($R_{p0,2}$ = 309 MPa, vgl. Abbildung 5.15). Aus Sicht des Leichtbaus spielt neben der spezifischen Steifigkeit E/ρ die spezifische Festigkeit $R_{p0,2}/\rho$ eine zentrale Rolle [Ash04]. Da das Federstahl-Verstärkungselement eine vergleichbare spezifische Steifigkeit wie die EN AW-6082-Matrix besitzt (E/ρ (EN AW-6082) ≈ 25,9 und E/ρ (1.4310) ≈ 25), verursacht die Variation des Verstärkungsgehaltes keine signifikante Änderung. Abbildung 5.42 verdeutlicht den Zusammenhang zwischen der spezifischen Festigkeit $R_{p0,2}/\rho$ und dem Verstärkungsanteil V_{VE} für den Wärmebehandlungszustand T4 (F) im Vergleich zum Wärmebehandlungszustand T6.

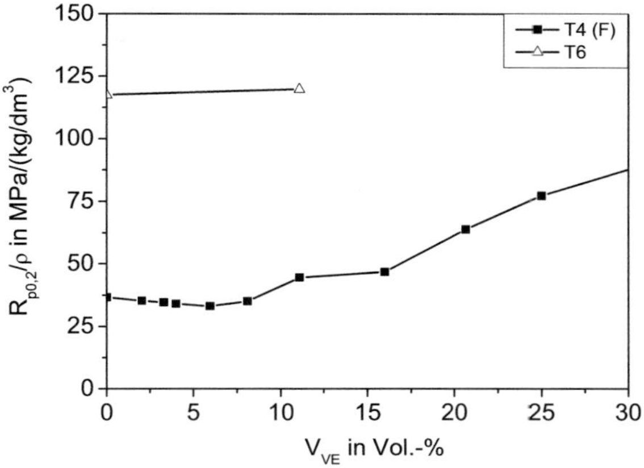

Abbildung 5.42: Verlauf der spezifischen Festigkeit $R_{p0,2}/\rho$ gegen den Verstärkungsgehalt V_{VE} für den Wärmebehandlungszustand T4 (F) im Vergleich zum Wärmebehandlungszustand T6

So ist bei leicht zunehmender Dichte ρ zunächst eine leichte Abnahme der spezifischen Festigkeit bis ca. 6 Vol.-% erkennbar, was durch die konstante 0,2 %-Dehngrenze $R_{p0,2}$ begründet ist (vgl. Abbildung 5.15 (rechts)). Dabei ist erst ein signifikanter Anstieg ab einem Volumenanteil von ca. 11,1 % zu konstatieren.
Es bleibt festzuhalten, dass T4 (F)-Proben bei einem maximalen Verstärkungsanteil von 25 Vol.-% eine um ca. 30 % kleinere spezifische Festigkeit im Vergleich zu unverstärkten T6-Proben besitzen. Somit übertrifft die T6-Wärmebehandlung unverstärkter Proben das Leichtbaupotenzial von T4 (F)-Verbundproben mit einem Verstärkungsgehalt von 25 Vol.-%.
Damit ergibt sich die Schlussfolgerung, dass die T6-Wärmebehandlung bei zusätzlichem Einsatz von Verstärkungselementen erstrebenswert ist, wobei die Wahl der Verstärkungselemente für spezifisch steifere aluminiumoxidfaserverstärkten Aluminiumdrähten zusätzlich zu einer Optimierung führen würde [Cou00] [Mer08c] [Wei05d].

5.3 Quasi-statische Druckbeanspruchung

5.3.1 Quantitative Ergebnisse

Der Einfluss des Verstärkungselementes auf das mechanische Verhalten der Verbunde unter Druckbeanspruchung im Vergleich zum unverstärkten Material ist exemplarisch in Abbildung 5.43 für den Wärmebehandlungszustand T4 (F).

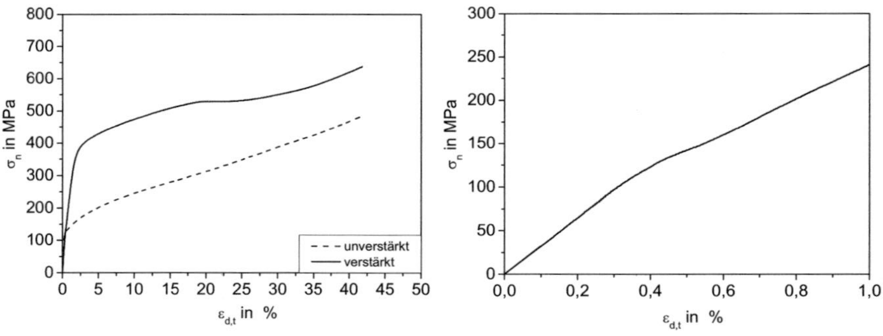

Abbildung 5.43: Schematische Druckverfestigungskurven von unverstärkten und mit 11,1 Vol.-% verstärkten T4 (F)-Proben (links) und Vergrößerung des Anfangsbereiches für die Verbundprobe (rechts)

Abbildung 5.43 (links) zeigt für das unverstärkte Material ab einer Nennspannung von ca. 120 MPa die stetige Verfestigung bis zum Versuchsabbruch bei einer Totalstauchung von $\varepsilon_{d,t} \approx 42$ %. Für die mit 11,1 Vol.-% verstärkte Probe stellt sich ein annähernd linearer Anstieg bis zu einer Nennspannung von ca. 370 MPa ein, bevor dann die Verfestigung und das damit einhergehende Abflachen der Kurve einsetzt. Bei einer Totalstauchung von $\varepsilon_{d,t} \approx 20$ % wird ein Plateaubereich erreicht, bevor die Spannung ab einer Totalstauchung von $\varepsilon_{d,t} \approx 30$ % weiter ansteigt und der Versuch bei einer Totalstauchung von $\varepsilon_{d,t} \approx 42$ % abgebrochen wird. Grundsätzlich kann hier eine Erhöhung der Druckfestigkeit durch den Einsatz des Federstahldrahtes festgestellt werden.

Abbildung 5.43 (rechts) stellt den vergrößert dargestellten Anfangsbereich einer Verbundprobe dar, wobei ein Abknicken der Verfestigungskurve bei ca. 125 MPa festgestellt werden kann. Dies entspricht ungefähr der Plastifizierung des unverstärkten Materials. Anschließend erfolgt der weitere Anstieg der Spannung mit geringerer Steigung.

Abbildung 5.44 stellt exemplarische Druckverfestigungskurven unverstärkter Proben und Verbundproben im Wärmebehandlungszustand T6 gegenüber. Allgemein kann auch hier durch den Einsatz des Federstahldrahtes sowie zusätzlich durch die T6-Wärmebehandlung eine Erhöhung der Druckfestigkeit festgestellt werden.

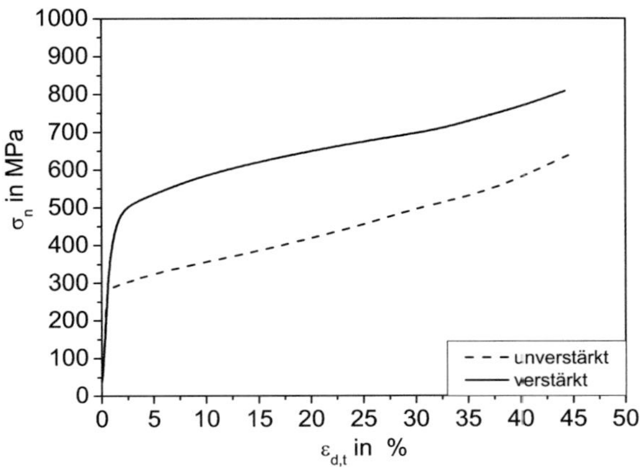

Abbildung 5.44: Schematische Druckverfestigungskurven von unverstärkten und mit 11,1 Vol.-% verstärkten T6-Proben

Beim unverstärkten Material zeigt sich zudem ein nach elastischer Verformung einsetzender höherer Verfestigungsgrad im Vergleich zum unverstärkten Material im T4 (F)-Zustand. Die T6-Verbundprobe besitzt im Vergleich zum T4 (F)-Verbund keinen ausgeprägten Plateaubereich.

Tabelle 5.4 stellt die mechanischen Kennwerte der beiden Wärmebehandlungszustände verstärkter sowie unverstärkter Proben gegenüber.

Dabei sind die vergleichbaren Werte bezüglich der Stauchgrenze σ_{d40} für das verstärkte T4 (F)-Material und das unverstärkte T6-Material auffällig. Allgemein kann eine Erhöhung der Festigkeiten durch den Einsatz des Federstahldrahtes konstatiert werden.

Tabelle 5.4: Vergleich der mechanischen Kennwerte für die Wärmebehandlungszustände T4 (F) und T6

Werkstoffsystem	$\sigma_{d0,2}$ in MPa		$\sigma_{d0,2}$ in %	σ_{d2} in MPa		σ_{d2} in %	σ_{d40} in MPa		σ_{d40} in %
T4 (F) uv	126	±	3,7	171	±	3,4	467	±	0,6
T4 (F) v	225	±	10,6	413	±	1,1	619	±	0,9
T6 uv	299	±	8,9	324	±	8,2	620	±	9,4
T6 v	413	±	6,6	516	±	1,5	799	±	4,4

5.3.2 Metallographische Untersuchungen

Abbildung 5.45 zeigt Längsschliffe bei unterschiedlichen Totalstauchungen verstärkter Proben im Vergleich zum unverstärkten Material im Wärmebehandlungszustand T4 (F).

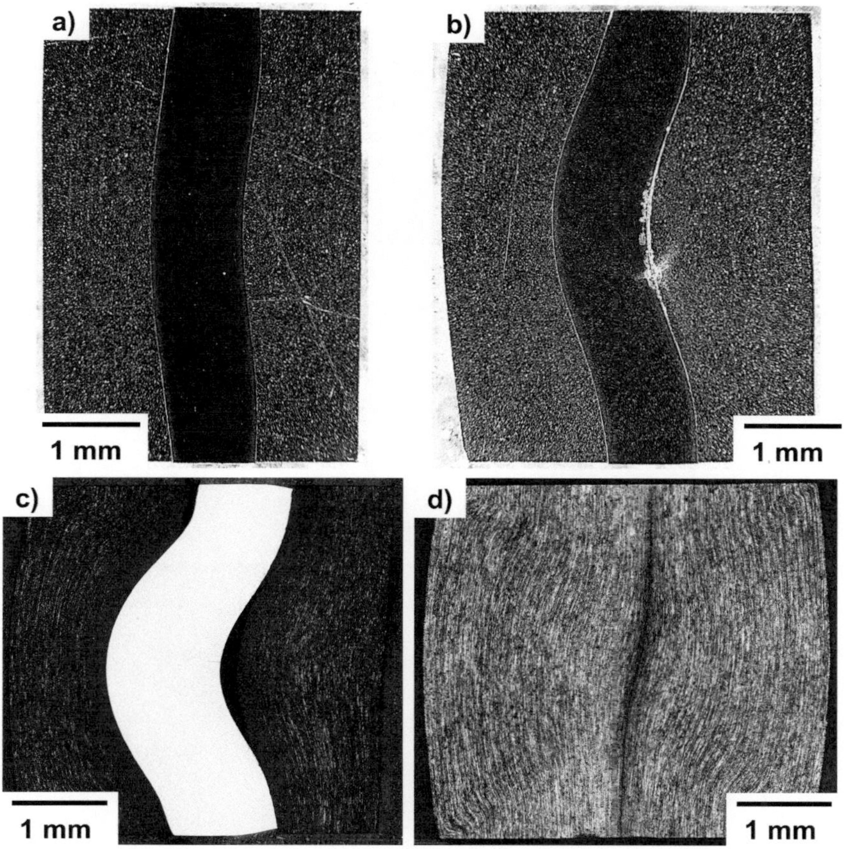

Abbildung 5.45: Längsschliffe des T4 (F)-Verbundes, a): $\varepsilon_{d,t} \approx 22$ %, b): $\varepsilon_{d,t} \approx 30$ %; unten, geätzt nach [Ree11], c): $\varepsilon_{d,t} \approx 43$ % und des unverstärkten Materials d): $\varepsilon_{d,t} \approx 43$ %

Im oberen Teil ist bei einer Totalstauchung von $\varepsilon_{d,t} \approx 22$ % – Plateaubereich in Abbildung 5.43 (links) – das anfängliche Knicken des Verstärkungselementes ersichtlich, was sich mit zunehmender Stauchung stärker ausprägt. Bei einer Totalstauchung von $\varepsilon_{d,t} \approx 30$ % ist auf der konkaven Seite des Verstärkungselementes eine Delamination von der Matrix zu erkennen.

Am Ende des Versuchs, bei einer Totalstauchung von $\varepsilon_{d,t} \approx 43$ %, fallen ein ausgeprägtes Knicken des Verstärkungselementes und die radiale Ausdehnung des Matrixmaterials auf. Zudem ist eine zunehmende Delamination auf der konkaven Seite sowie auf den Stirnseiten der konvexen Seite des Verstärkungselementes zu verzeichnen. Außerdem ist die axiale plastische Verformung des Verstärkungselementes auf den Stirnseiten ersichtlich. Die Ursache des auf der konkaven (Druck-)Seite befindlichen Risses konnte nicht geklärt werden. Dieser war beim ungeätzten Schliff nicht erkennbar, sodass dieser vermutlich aus der weiteren Probenpräparation resultiert. Ein Ausknicken des Verstärkungselementes ist hierbei nicht zu erkennen, da durch die rein plastisch verformte Matrix eine Stützwirkung für das Verstärkungselement gegeben ist.

Darüber hinaus konnte durch Querschliffe, siehe Abbildung 5.46, die Knickrichtung ermittelt werden, die senkrecht zur Längspressnahtlage liegt. Ebenso konnte die Ausbauchung unverstärkter Proben senkrecht zur Längspressnaht festgestellt werden. Außerdem ist hier die Delamination des Verstärkungselementes von der Matrix augenscheinlich.

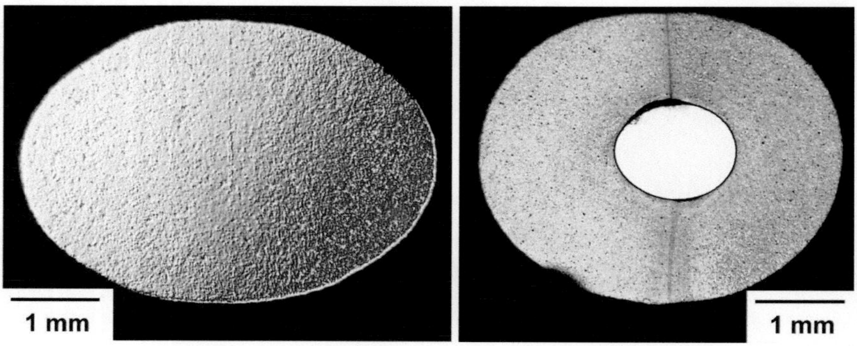

Abbildung 5.46: Querschliffe des unverstärkten T4 (F)-Materials ($\varepsilon_{d,t} = 51$ %, links) und des T4 (F)-Verbundes ($\varepsilon_{d,t} = 40$ %, rechts), geätzt nach [Ree11]

Abbildung 5.47 stellt Längsschliffe bei unterschiedlichen Totalstauchungen für den Verbund im Wärmebehandlungszustand T6 dar. Hier zeigt sich bereits eine Ablösung der Grenzfläche bei einer Totalstauchung von $\varepsilon_{d,t} \approx 20\ \%$ sowie die erste Knickerscheinung, die mit einer Delamination der Grenzfläche auf der konkaven Seite einhergeht.

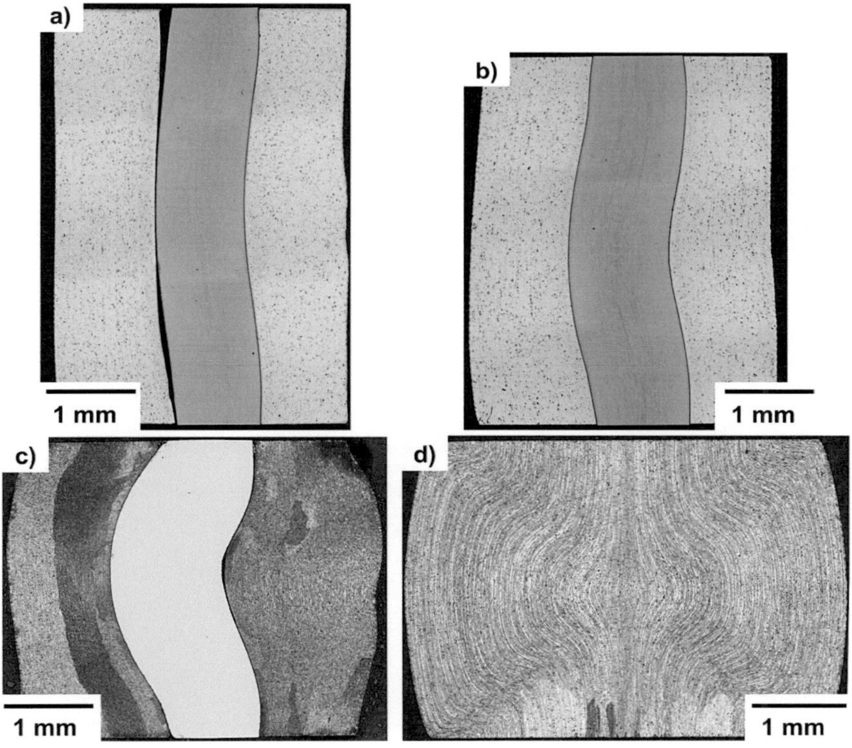

Abbildung 5.47: Längsschliffe des T6-Verbundes, a): $\varepsilon_{d,t} \approx 20\ \%$, b): $\varepsilon_{d,t} \approx 30\ \%$; unten, geätzt nach [Ree11], c): $\varepsilon_{d,t} \approx 46\ \%$ und das unverstärkte Material d): $\varepsilon_{d,t} \approx 46\ \%$

Bei einer Totalstauchung von $\varepsilon_{d,t} \approx 30\ \%$ ist ein asymmetrisches Knickverhalten augenscheinlich, das bei einer Totalstauchung von $\varepsilon_{d,t} \approx 46\ \%$ noch deutlicher auffällt. Die unterschiedlichen Kontraste sind auf das unterschiedliche Ätzverhalten zurückzuführen.

Im Vergleich dazu zeigt die unverstärkte Probe ein Ausbauchen, wobei hier das plastisch verformte Zeilengefüge [Ost07] [Ped08] – bedingt durch die Ätzung – erkennbar ist. Hier verdeutlicht sich insbesondere die vom Mittelpunkt nach außen hin ausgeprägte plastische Verformung in radialer Richtung, analog zum verstärkten Material. Die in Abbildung 5.48 (links) gezeigten Querschliffe machen die senkrecht zur Längspressnaht ausgeprägte Ausbauchung deutlich, wohingegen das verstärkte Material in Abbildung 5.48 (rechts), unabhängig von der Längspressnahtlage, eine relativ inhomogene Verformung des Matrixmaterials erkennen lässt [Ari10] [Mer11c].

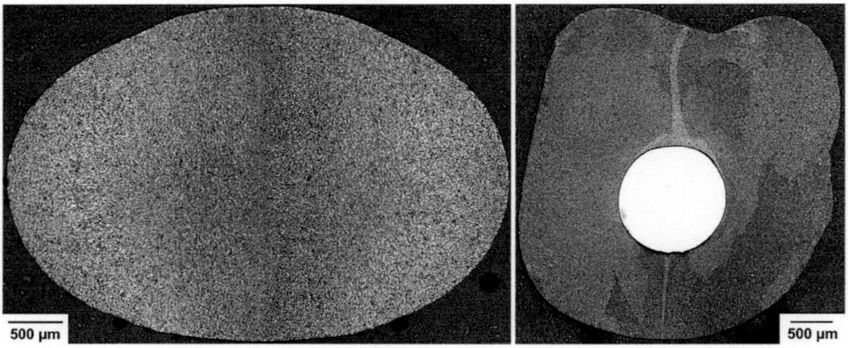

Abbildung 5.48: Querschliffe des unverstärkten T6-Materials (links) und des T6-Verbundes (rechts) bei $\varepsilon_{d,t} \approx 46$ %, geätzt nach [Ree11]

5.3.3 Modellierung und Diskussion

Modellierung

Abbildung 5.49 zeigt den Vergleich der experimentell bestimmten Druckverfestigungskurven für unverstärkte und mit 11,1 Vol.-% verstärkte Proben und der Mischungsregel nach Gleichung 2.3. Aufgrund fehlender Druckverfestigungskurven für das Verstärkungselement wurde angenommen, dass das Verstärkungselement das gleiche Verformungsverhalten unter Druckbeanspruchung wie unter Zugbeanspruchung bis zum Erreichen der Zugfestigkeit aufweist. Bei Erreichen des betragsmäßigen Zugfestigkeitswertes wurde dieser als konstant für den kompletten Stauchungsbereich angenommen, da die Knickverformung des Verstärkungselementes vom umgebenden Matrixmaterial aufgefangen wird (vgl. Abschnitt 5.3.2) und somit das Verformungsverhalten des Matrixmaterials im Vordergrund steht.

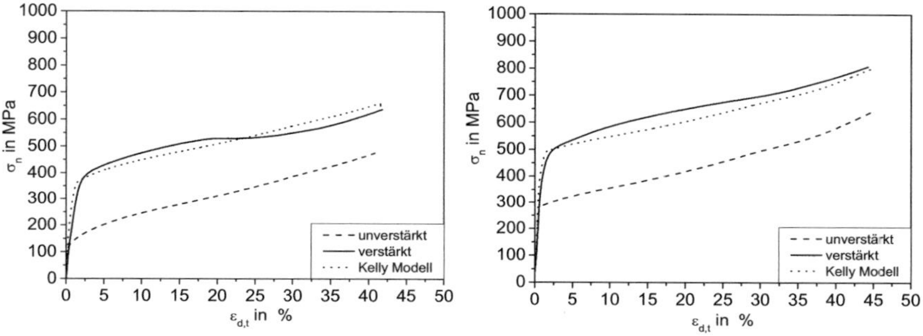

Abbildung 5.49: Vergleich der experimentell ermittelten Daten der unverstärkten und 11,1 Vol.-% verstärkten Proben mit der Mischungsregel in den Wärmebehandlungszuständen T4 (F) (links) und T6 (rechts)

Aus Abbildung 5.49 ist ersichtlich, dass das Kelly-Modell [Kel65] unter den vorausgesetzten Bedingungen ebenfalls unter Druckbeanspruchung erfolgreich Anwendung findet. Für den Wärmebehandlungszustand T4 (F), Abbildung 5.49 (links), kann festgehalten werden, dass die Verbundspannung bis zu einer Totalstauchung von $\varepsilon_{d,t} \approx 20$ % durch das Modell unterschätzt, oberhalb $\varepsilon_{d,t} \approx 20$ % eher optimistisch eingeschätzt wird. Dies lässt sich vermutlich durch die im Modell nicht miteinbezogene Knickverformung des Verstärkungselementes erklären.
Im Gegensatz dazu liefert das Modell für den Wärmebehandlungszustand T6, Abbildung 5.49 (rechts), ab der Verfestigung eine eher geringfügige Unterschätzung des Verfestigungsverhaltens.
Für beide Wärmebehandlungszustände zeigt das Modell innerhalb des elastischen Bereiches eine Überschätzung der auftretenden Spannungen.

Diskussion

Der Vergleich der Verfestigungskurven sowohl unter Druck- als auch unter Zugbeanspruchung (vgl. Abschnitt 5.2.3) ist in Abbildung 5.50 für das unverstärkte (links) sowie für das verstärkte (rechts) Material im Wärmebehandlungszustand T4 (F) dargestellt. Dabei ist ein asymmetrisches Verformungsverhalten für das unverstärkte Ma-

terial anhand höherer auftretender Spannungen unter Druckbeanspruchung während der Verfestigung zu konstatieren. Die Begründung für die unterschiedlichen Fließspannungen unter Druck- sowie Zugbeanspruchung, dem sogenannten Strength-Differential(SD)-Effekt, liegt laut [Hos73] bei kubisch-flächenzentrierten Metallen – neben der Empfindlichkeit der Fließspannung gegenüber dem hydrostatischen Spannungszustand – in der Richtung der wirkenden Schubspannung.
Dagegen kann für den Verbund im Vergleich zum unverstärkten Material eine Stabilisierung bis zu einer Dehnung/Stauchung von ca. 2,5 % attestiert werden [Ari10].

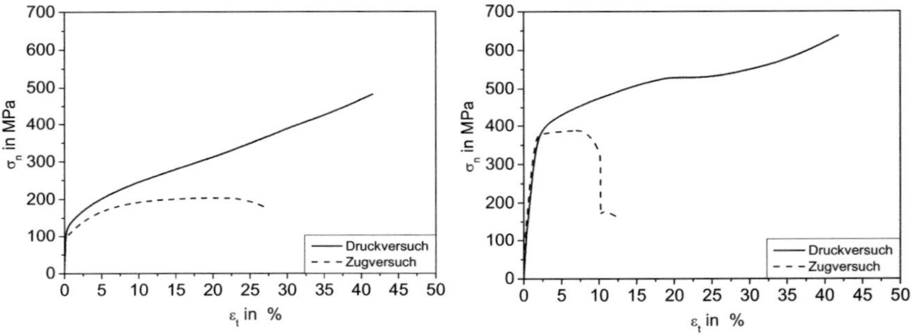

Abbildung 5.50: Vergleich zwischen Zug- und Druckverfestigungskurven von unverstärkten (links) sowie 11,1 Vol.-% verstärkten (rechts) T4 (F)-Proben

Zudem stellt Abbildung 5.51 das Verformungsverhalten unter Zug- und Druckbeanspruchung für das unverstärkte Material (links) und für den Verbund (rechts) im Wärmebehandlungszustand T6 gegenüber.
Bei Dehnungen/Stauchungen kleiner als 5 % zeigen sich höhere Spannungen unter Zugbeanspruchung für das unverstärkte Material. Anschließend stellen sich höhere auftretende Spannungen unter Druck- als unter Zugbeanspruchung für das unverstärkte Material ein.
Des Weiteren ist auch hier eine Stabilisierung durch den Einsatz des Verstärkungselementes anhand nahezu symmetrischen Verformungsverhaltens bei Dehnungen/Stauchungen bis ca. 1,6 % augenscheinlich, siehe Abbildung 5.51 (rechts).

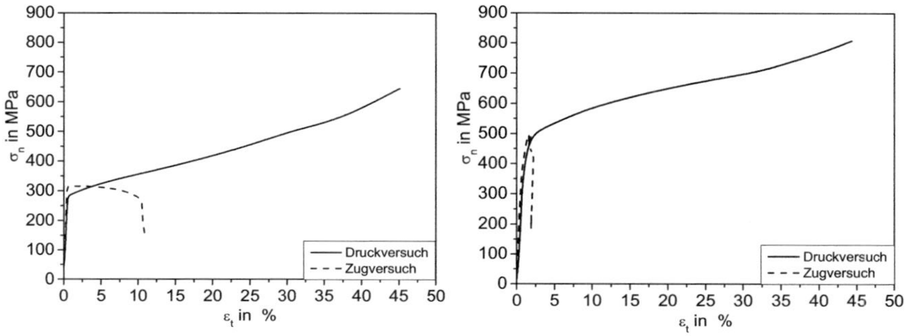

Abbildung 5.51: Vergleich zwischen Zug- und Druckverfestigungskurven von unverstärkten (links) sowie 11,1 Vol.-% verstärkten (rechts) T6-Proben

Bezüglich des quantitativen sowie qualitativen Verformungsverhaltens lassen sich Analogien zu den in [Wei06b] [Wei06c] beschriebenen Untersuchungen an federstahldrahtverstärktem EN AW-6060-T4 erkennen. Dabei konnte ebenfalls an unverstärkten Proben eine senkrecht zur Längspressnaht ausgebildete Ausbauchung konstatiert werden. Diese ist vermutlich auf die in Längspressnahtrichtung vorliegende Dehnungsbehinderung zurückzuführen, die durch die kleinere Korngröße in Nähe der Längspressnaht begründet ist [Wei06b] [Wei06c]. Dies erklärt ebenfalls das beim T4 (F)-Verbund beobachtete, senkrecht zur Längspressnaht erfolgte Ausknicken des Verstärkungselementes.

5.4 Ermüdungsbeanspruchung

Zur Untersuchung des Einflusses des Verstärkungselementes auf die Lebensdauer unter rein wechselnder Beanspruchung wird im folgenden Abschnitt lediglich auf mit 11,1 Vol.-% verstärkte Proben (vgl. Abschnitt 3.2.4) im Vergleich zum unverstärkten Material eingegangen.

5.4.1 Wöhlerkurven

In Abbildung 5.52 sind die Werte aus den Einzelversuchen sowie die Mittelwerte der Bruchlastspielzahlen für das unverstärkte Material (links) und für den Verbund (rechts) im Wärmebehandlungszustand T4 (F) dargestellt. Aufgrund der in Abschnitt

5.4.4 vorgestellten Schallemissionsanalyse wurden teilweise mehr als drei Proben pro Lasthorizont untersucht.

Wie bereits in Abschnitt 3.1.3 beschrieben, stammen die Proben aus einer separaten Charge. Dabei ergaben sich bereits bei den Zugversuchen erhebliche Streubreiten der Festigkeiten sowohl für das unverstärkte Material ($R_{p0,2}$ = 84 MPa ± 12 %, R_m = 195 MPa ± 8 %) als auch für das verstärkte Material ($R_{p0,2}$ = 176 MPa ± 25 %, R_m = 396 MPa ± 7 %).

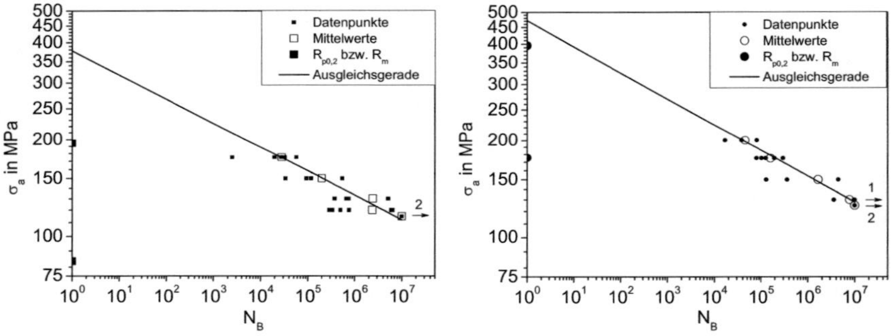

Abbildung 5.52: Wöhlerkurven für das unverstärkte Material (links) und den Verbund (rechts) im Wärmebehandlungszustand T4 (F)

Bei beiden Materialien ist die große Streubreite der Bruchlastspielzahlen für die einzelnen Lasthorizonte ersichtlich. Zusätzlich sind die bis 0,25 Lastspielen und zu 10^7 Zyklen extrapolierten Ausgleichsgeraden der Mittelwerte der Bruchlastspielzahlen eingetragen, was eine gute Übereinstimmung mit den gemessenen Durchläuferproben für beide Materialien ergibt.

Dabei ist vor allem ersichtlich, dass die experimentell ermittelte Wechselfestigkeit $R_{W/10^7}$ der unverstärkten Proben oberhalb der 0,2 %-Dehngrenze $R_{p0,2}$ liegt. Zudem zeigt die Extrapolation auf 0,25 Lastspiele eine Überschätzung der Zugfestigkeit um ca. 170 MPa.

Demgegenüber liefert die Extrapolation beim Verbund nur eine leichte Überschätzung der Zugfestigkeit.

Zur Beschreibung des Einflusses einer Wärmebehandlung auf die Ermüdungseigenschaften zeigt Abbildung 5.53 die Absolutwerte sowie die Mittelwerte der Bruchlastspielzahlen sowohl der unverstärkten (links) als auch der verstärkten (rechts) Proben im Wärmebehandlungszustand T6. Bei beiden Materialien ist eine relativ geringe Streubreite zu verzeichnen, wohingegen bei den Zugversuchen die Streubreiten der Festigkeiten sowohl für das unverstärkte Material ($R_{p0,2}$ = 252 MPa ± 12 %, R_m = 280 MPa ± 9 %) als auch für das verstärkte Material ($R_{p0,2}$ = 392 MPa ± 10 %, R_m = 474 MPa ± 5 %) im Vergleich zum T4 (F)-Zustand durch eine nachfolgende Wärmebehandlung nicht verringert werden konnten.

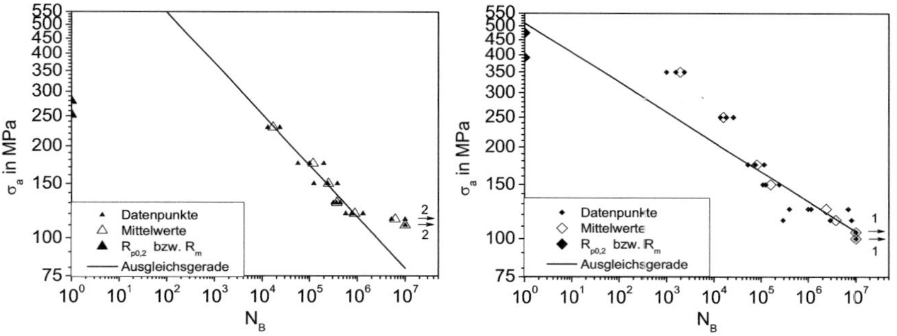

Abbildung 5.53: Wöhlerkurven für das unverstärkte Material (links) und den Verbund (rechts) im Wärmebehandlungszustand T6

Die Extrapolation der Geraden auf 10^7 Zyklen liefert eine weniger gute Übereinstimmung mit den Durchläuferproben für das unverstärkte Material. Dies spiegelt sich durch das Abknicken der Wöhlerkurve bei einem Lasthorizont von σ_a = 115 MPa wider. Der Vergleich der Extrapolation der Geraden auf 10^7 Zyklen mit den Durchläuferproben liefert dagegen eine gute Einschätzung für den Verbund.

Dabei bleibt festzuhalten, dass sich die Regression beim Verbund auf den Lastbereich zwischen 115 MPa und 175 MPa beschränkt, da bei höheren Lasthorizonten ($\sigma_a \geq$ 250 MPa) ein anderes Schädigungsbild festgestellt werden konnte (vgl. Abschnitt 5.4.3).

Durch die Extrapolation zeigt sich eine relativ gute Übereinstimmung mit der Zugfestigkeit verstärkter Proben.

Abbildung 5.54 stellt die beiden Wöhlerkurven für das unverstärkte Material und für den Verbund in den Wärmebehandlungszuständen T4 (F) (links) und T6 (rechts) gegenüber, wobei hier eine signifikante Erhöhung der Lebensdauer für den T4 (F)-

Verbund durch den Einsatz des Federstahldrahtes erkennbar ist. Zudem sind die parallel verlaufenden Ausgleichsgeraden ersichtlich.

Dagegen zeigt der T6-Verbund lediglich bei kleineren Lasthorizonten zwischen σ_a = 125 MPa und σ_a = 150 MPa eine erhöhte Lebensdauer im Vergleich zum unverstärkten Material. Zwischen σ_a = 150 MPa und σ_a = 175 MPa kann eine vergleichbare Lebensdauer für beide Materialien konstatiert werden.

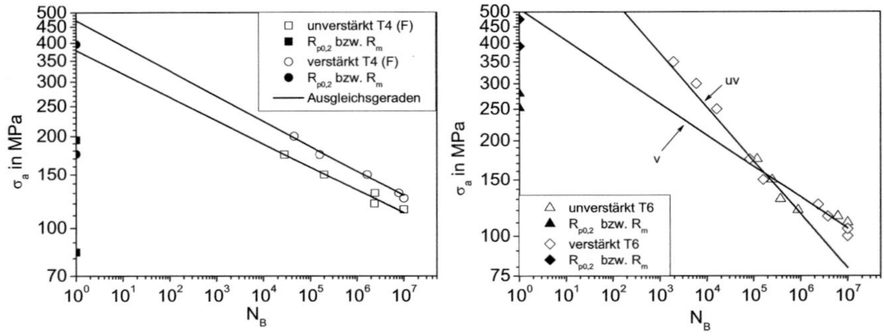

Abbildung 5.54: Gegenüberstellung der Wöhlerkurven für das unverstärkte Material und den Verbund im Wärmebehandlungszustand T4 (F) (links) und T6 (rechts)

Tabelle 5.5 fasst die Werte der mittels Durchläufer ermittelten und der durch Extrapolation bestimmten Wechselfestigkeiten $R_{W/10^7}$ für die Wärmebehandlungszustände T4 (F) und T6 zusammen.

Dabei liefert die durch Extrapolation bestimmte Wechselfestigkeit, mit Ausnahme für das unverstärkte T6-Material, sehr gute Übereinstimmungen mit den Durchläufern.

Somit ergibt sich eine um ca. 9 % höhere Wechselfestigkeit für das verstärkte T4 (F)-Material im Vergleich zum unverstärkten Material. Für den Verbund im T6-Zustand kann dagegen keine Erhöhung der Wechselfestigkeit durch das Verstärkungselement erzielt werden.

Des Weiteren sind die durch die Basquin-Beziehung [Bas10] bestimmten Parameter für die Ausgleichsgeraden angegeben. Dabei ist am Exponent b eine vergleichbare Steigung für den Wärmebehandlungszustand T4 (F) und für das verstärkte T6-Material mit geringfügig größerem Wert ersichtlich. Auffallend ist das bereits in Abbildung 5.54 (rechts) gezeigte steile Gefälle des unverstärkten Materials im T6-Zustand (b = -0,1679).

Tabelle 5.5: Vergleich der mechanischen Kennwerte für die Wärmebehandlungszustände T4 (F) und T6

Werkstoffsystem	$R_{W/10^7}$ Durchläufer in MPa	$R_{W/10^7}$ extrapoliert in MPa	σ'_B in MPa	b
T4 (F) uv	115	112	378,2	-0,0755
T4 (F) v	125	128	471,8	-0,0810
T6 uv	110	80	1189,6	-0,1679
T6 v	105	105	511,0	-0,0979

5.4.2 Wechselverformungsverhalten

Um genaue Aussagen zum Verformungs- und Schädigungsverhalten treffen zu können, zeigt Abbildung 5.55 ausgewählte Hystereseschleifen für das unverstärkte Material. Abbildung 5.55 (links) stellt exemplarische Hysteresen für den Verfestigungsbereich I (erster und 60. Zyklus) und für den Sättigungsbereich II (N/N_B = 50 %) dar. Aufgrund der Prüfmaschinenregelung kann die vorgegebene Maximalamplitude innerhalb des ersten Zyklus nicht erreicht werden. Dadurch ergibt sich eine Abweichung von ca. 22 % zur Vorgabe (σ_a = 175 MPa). Der Vergleich der beiden Hysteresen des ersten und des 60. Zyklus verdeutlicht das Verschieben der Hysteresen zu höheren Dehnungen. Zudem zeigt sich die zyklische Verfestigung anhand der Abnahme der Hysteresenbreite mit zunehmender Zyklenzahl.

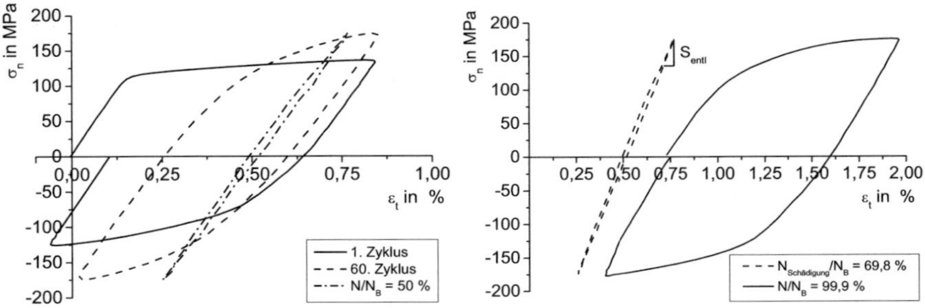

Abbildung 5.55: Exemplarische Hysteresen für die Ermüdungsbereiche I und II (links) und III (rechts) unverstärkter T4 (F)-Proben (σ_a = 175 MPa, N_B = 19.839)

Ferner zeigt sich, dass bei Zugentlastung im Bereich der Mittelspannung nichtlineares Verhalten vorliegt, was auf eine reversible Mikroplastifizierung schließen lässt. Zudem erfolgt die Plastifizierung im Druckbereich bereits bei kleineren Absolutwerten der Nennspannung im Vergleich zum Zugbereich (Bauschinger-Effekt). Die höhere Verfestigung im Druckbereich liefert eine Erklärung für die offene Hysterese des ersten Zyklus sowie das oben erwähnte Verschieben der Hysteresen zu größeren Mitteldehnungen. Mit zunehmender zyklischer Verfestigung nimmt dieser Effekt ab, sodass die Sättigungshysterese eine nur geringe plastische Deformation vorweist.

Abbildung 5.55 (rechts) zeigt exemplarische Hysteresen für den Schädigungsbereich III. Der Schädigungsbeginn ist durch einen erkennbaren Abfall der Entlastungssteifigkeit im Zug nach Lastumkehr S_{entl} gekennzeichnet. Anschließend wird die Hysterese aufgrund des Risswachstums zu höheren Totalmitteldehnungen $\varepsilon_{t,m}$ verschoben. Außerdem führt die Rissöffnung zu einer Zunahme der Totaldehnungsamplitude $\varepsilon_{t,a}$.

Abbildung 5.56 stellt die Hysteresen für den Verformungsbereich I und den Sättigungsbereich II (links) sowie den Schädigungsbereich der Matrix III (rechts) für den Verbund gegenüber. Auch hier ist die Zug-Druck-Differenz anhand des Beginns der Plastifizierung sowie des Verfestigungsverhaltens und das damit einhergehende Verschieben der Hysteresen zu größeren Totalmitteldehnungen erkennbar, siehe Abbildung 5.56 (links). Während des Risswachstums innerhalb der Matrix ist eine Verbreiterung der Hysteresen zu erkennen. Dabei ändert sich das Spannungs-Dehnungs-Verhalten bis zum Versagen des Matrixmaterials von nahezu linear zu einem progressiven Abknicken der Kurven im oberen Lastbereich, siehe Abbildung 5.56 (rechts).

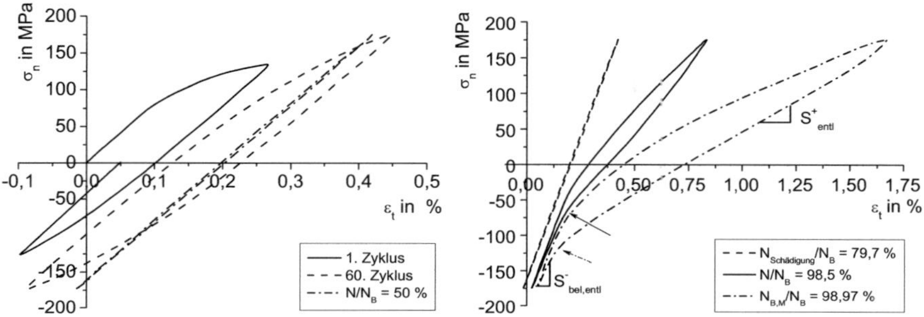

Abbildung 5.56: Exemplarische Hysteresen für die Ermüdungsbereiche I und II (links) sowie III (rechts) verstärkter T4 (F)-Proben (σ_a = 175 MPa, N_B = 79.510)

Auffällig ist insbesondere der Abknickbereich der Hysteresen bei Druckbelastung. Das Abknicken wird mit zunehmender Zyklenzahl zu betragsmäßig höheren Druckspannungen verschoben, siehe Pfeile in Abbildung 5.56 (rechts). Zusätzlich sind die Steigungen bei Belastung S^-_{bel} sowie bei Entlastung S^-_{entl} im Druckbereich und die Steigung bei Entlastung im mittleren Zugbereich S^+_{entl} eingetragen.
Tabelle 5.6 gibt die Werte der unterschiedlichen Steifigkeiten für die in Abbildung 5.56 (rechts) gezeigten Hysteresen.

Tabelle 5.6: Vergleich der Steifigkeiten für unterschiedliche Zyklen des Verbundes

Zyklus	**S^+_{entl} in GPa**	**S^-_{bel} in GPa**	**S^-_{entl} in GPa**
$N_{Schädigung}/N_B$ = 79,7 %	79	80	80
N/N_B = 98,5 %	36	71	80
$N_{B,M}/N_B$ = 98,97 %	17	59	74

Mit zunehmender Zyklenzahl bis zum Bruch der Matrix nimmt die Steifigkeit bei Zugentlastung S^{+}_{entl} aufgrund des Risswachstums innerhalb der Matrix auf ca. 25 % ab. Des Weiteren ist ein Abfall der Steifigkeit bei Druckbelastung S^{-}_{bel} mit zunehmender Zyklenzahl zu erkennen. Die Steigung bei Druckentlastung S^{-}_{entl} bleibt nahezu unverändert.

Zudem zeigt die Steifigkeit bei Druckbelastung S^{-}_{bel} kleinere Werte als bei Druckentlastung S^{-}_{entl}. Daher kann vor Eintritt des Matrixbruchs vollständiges Rissschließen konstatiert werden.

Abbildung 5.57 stellt ausgewählte Hystereseschleifen für den Bereich IV während der Verstärkungselementermüdung nach dem Bruch der Matrix dar. Dabei ist mit zunehmender Lastspielzahl eine Verbreiterung im mittleren Bereich und im Bereich der Lastumkehrpunkte sowohl im Zug- als auch im Druckbereich feststellbar.

Zudem sind die progressiv zunehmenden Spannungen vor und nach Lastumkehr im Zugbereich (siehe Pfeile) auffällig. Das Verschieben der Hysteresen zu größeren Totalmitteldehnungen kann auf die zunehmende Rissöffnung zurückgeführt werden.

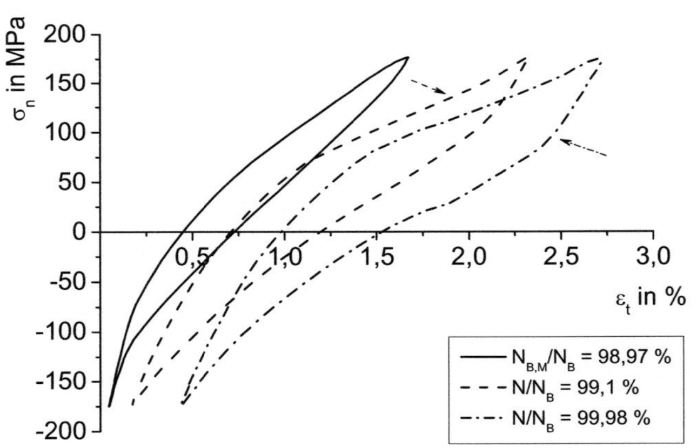

Abbildung 5.57: Exemplarische Hysteresen für den Ermüdungsbereich IV verstärkter T4 (F)-Proben (σ_a = 175 MPa, N_B = 79.510)

Um das Wechselverformungsverhalten der beiden Materialien detaillierter zu beschreiben, stellt Abbildung 5.58 exemplarische Wechselverformungskurven anhand der Totalmitteldehnung $\varepsilon_{t,m}$ und der Totaldehnungsamplitude $\varepsilon_{t,a}$ für das unverstärkte

Material (links) und für den Verbund (rechts) im Wärmebehandlungszustand T4 (F) dar.

Dabei belegt der Abfall der Totaldehnungsamplitude zu Beginn der Versuche die Verfestigung für beide Materialien. Zudem ist für das unverstärkte Material ein anteilsmäßig größerer Verfestigungsbereich im Vergleich zum Verbund zu konstatieren. Des Weiteren zeigt sich eine Zunahme der Totalmitteldehnung innerhalb des Verfestigungsvorgangs.

Im Vergleich zum unverstärkten Material zeigt der Verbund nach der zyklischen Verfestigung im Sättigungsbereich niedrigere Dehnungskennwerte ($\varepsilon_{t,m}$ und $\varepsilon_{t,a}$) bei gleicher Lastamplitude (σ_a = 175 MPa).

Am Ende der Versuche bei ca. 95 % der Lebensdauer erfolgt ein Anstieg beider Dehnungskennwerte, wobei dies auf Schädigung zurückgeführt werden kann. Dabei zeigt der Verbund einen anteilsmäßig größeren Entfestigungsbereich als das unverstärkte Material.

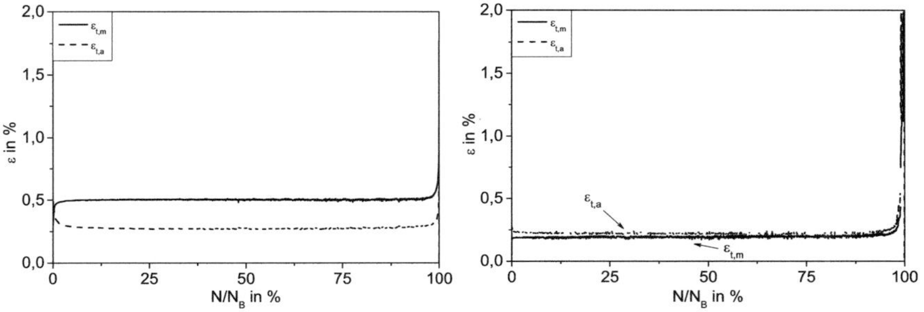

Abbildung 5.58: Exemplarische Verläufe der Totalmitteldehnung $\varepsilon_{t,m}$ und der Totaldehnungsamplitude $\varepsilon_{t,a}$ für das unverstärkte T4 (F)-Material (links, σ_a = 175 MPa, N_B = 19.839) sowie für den T4 (F)-Verbund (rechts, σ_a = 175 MPa, N_B = 79.510)

Zur Beschreibung des Schädigungsverhaltens unverstärkter Proben und Verbundproben stellt Abbildung 5.59 die plastische Dehnungsamplitude $\varepsilon_{pl,a}$ sowie den Schädigungskennwert D gegenüber. Die Definition des Schädigungsparameters, der auf der Änderung der Entlastungssteifigkeit im Zugbereich (S_{entl}) nach Lastumkehr basiert (vgl. Abschnitt 2.3.5 und Abbildung 5.55 (rechts)), ergibt sich wie folgt:

$$D\,[\%] = \frac{S_{entl,MW\ 1-100} - S_{entl,i}}{S_{entl,MW\ 1-100}}$$ **Gleichung 5.5**

Dabei kennzeichnet der Index (MW 1-100) den Mittelwert der Entlastungssteifigkeit der ersten 100 Lastspiele und der Index (i) den aktuellen Zyklus. Die rechte Abszisse der beiden Diagramme in Abbildung 5.59 zeigt den Schädigungsparameter D.

Zunächst ist sowohl für das unverstärkte als auch für das verstärkte Material eine Verringerung der plastischen Dehnungsamplitude $\varepsilon_{pl,a}$ infolge der zyklischen Verfestigung festzustellen. Dabei verdeutlicht sich, dass – analog zu Abbildung 5.58 – der Verfestigungsbereich I für das unverstärkte Material ausgeprägter und einen größeren Anteil der Lebensdauer ausmacht als beim Verbund bei gleichem Lasthorizont.

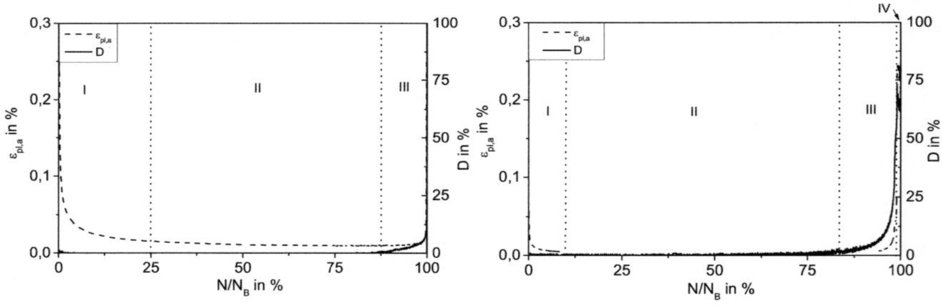

Abbildung 5.59: Exemplarische Verläufe der plastischen Dehnungsamplitude $\varepsilon_{pl,a}$ und des Schädigungsparameters D für das unverstärkte T4 (F)-Material (links, σ_a = 175 MPa, N_B = 27.569) sowie für den T4 (F)-Verbund (rechts, σ_a = 175 MPa, N_B = 79.510)

Der Sättigungsbereich zeigt hier einen nahezu konstanten Verlauf der plastischen Dehnungsamplitude $\varepsilon_{pl,a}$ (Stabilisierung). Im direkten Vergleich zeigt das unverstärkte Material eine größere plastische Dehnungsamplitude innerhalb des Bereiches II als der Verbund.

Der Beginn des Bereiches III wird durch den Anstieg des Schädigungskennwertes D eingeläutet, der bei beiden Materialien früher (bzw. empfindlicher) als durch den Anstieg der plastischen Dehnungsamplitude $\varepsilon_{pl,a}$ auf die Schädigung reagiert. Beim unverstärkten Material erfolgt die Schädigungsentwicklung bis zum Gewaltbruch der

Probe am Ende des Versuchs. Demgegenüber stellt das Wechselverformungsverhalten am Ende des Bereiches III den Bruch des Matrixmaterials im Verbund dar.
Zum besseren Verständnis des Schädigungsverhaltens verstärkter Proben verdeutlicht Abbildung 5.60 exemplarisch Teile des Bereiches III und IV. Dabei ist am Ende des Bereiches III ein steiler Anstieg des Schädigungsparameters D sowie der plastischen Dehnungsamplitude $\varepsilon_{pl,a}$ augenscheinlich, was sich durch den Matrixbruch bei der Lastspielzahl $N_{B,M}$ (bzw. $N_{B,M}/N_B$) begründen lässt. Zudem ist die höhere Empfindlichkeit des Schädigungskennwertes D im Vergleich zur plastischen Dehnungsamplitude $\varepsilon_{pl,a}$ ersichtlich, siehe Abbildung 5.60 (links).
Anschließend folgt der Bereich IV, der die Ermüdung des Verstärkungselementes kennzeichnet (vgl. Abbildung 5.60 (rechts)). Dabei ist die Verfestigung des Verstärkungselementes anhand der abfallenden plastischen Dehnungsamplitude $\varepsilon_{pl,a}$ sowie das kurz vor Gewaltbruch auftretende Risswachstum durch den Anstieg des Schädigungsparameters D und der plastischen Dehnungsamplitude $\varepsilon_{pl,a}$ erkennbar.

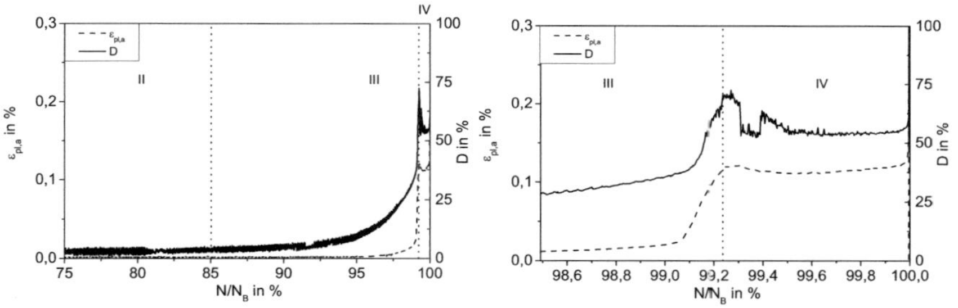

Abbildung 5.60: Ausschnitte einer exemplarischen Wechselverformungskurve des verstärkten Materials (σ_a = 150 MPa, N_B = 361.453) im T4 (F)-Zustand

Abbildung 5.61 zeigt die Gegenüberstellung des Verlaufs des Schädigungsparameters D bei unterschiedlichen Spannungsamplituden für das unverstärkte Material (links) und den Verbund (rechts) im Wärmebehandlungszustand T4 (F). Dabei bezieht sich die relative Lebensdauer des unverstärkten Materials auf die Gesamtlebensdauer der Probe und die des verstärkten Materials auf die Lastspielzahlen bis zum Erreichen des Matrixbruchs $N_{B,M}$.
Dadurch, dass die Dehnungsmessung ein integrales Messverfahren ist, charakterisiert der Schädigungsparameter die kumulierte (nichtlineare) Schädigung [Rad07] inner-

halb der Versuchslänge, sodass keine Aussagen bezüglich des Primärrisswachstums aufgrund der Mehrfachrissinitiierung getroffen werden können.
Daher bleiben an dieser Stelle weitere quantitativen Aussagen über die in Abbildung 5.61 ersichtliche Abhängigkeit des Schädigungsbeginns von der Spannungsamplitude aus.

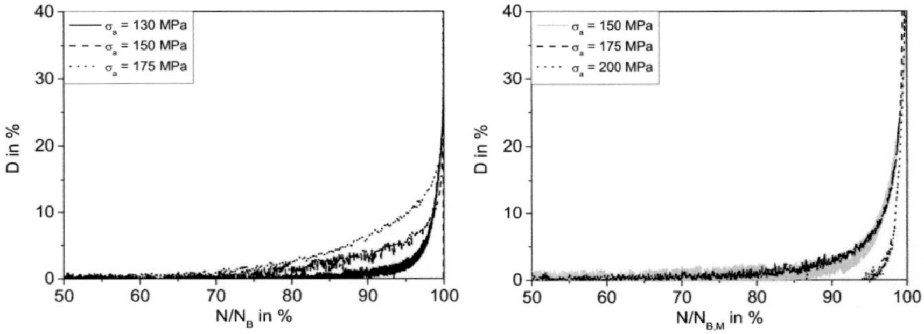

Abbildung 5.61: Exemplarische Verläufe des Schädigungsparameters D für unverstärkte (links) Proben und Verbundproben (rechts) im Wärmebehandlungszustand T4 (F)

Allgemein ist für beide Materialien ein progressiver Anstieg des Schädigungsparameters D im letzten Drittel der Lebensdauer zu konstatieren.
Dabei ist für weitere Untersuchungen (vgl. Abschnitt 5.4.4) der Schädigungsbeginn durch einen Anstieg des Schädigungsparameters D ab ca. 3 % festgelegt.
Abbildung 5.62 verdeutlicht das bereits in Abbildung 5.55 und Abbildung 5.56 dargestellte Verhalten bezüglich der Plastifizierung während der Zugentlastung anhand des Verlaufs der reversiblen plastischen Dehnung $\varepsilon_{pl,rev}$ für das unverstärkte Material (links) sowie für den Verbund. Für beide Materialien ist hierbei die Mikroplastifizierung bei Zugentlastung während des Verfestigungsbereiches erkennbar. Der Anstieg während der Entfestigung lässt sich durch das Risswachstum begründen.

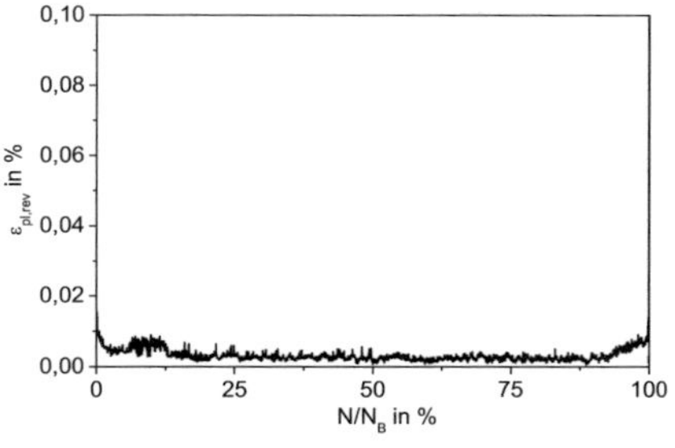

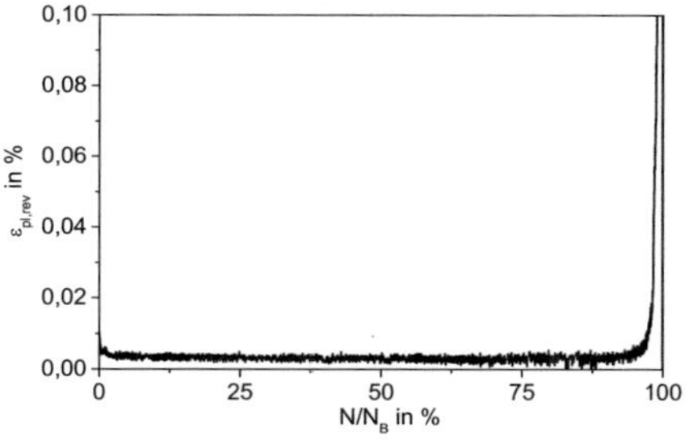

Abbildung 5.62: Exemplarische Verläufe der reversiblen plastischen Dehnung bei Zugentlastung $\varepsilon_{pl,rev}$ für das unverstärkte T4 (F)-Material (links, σ_a = 175 MPa, N_B = 19.839) und den T4 (F)-Verbund (rechts, σ_a = 175 MPa, N_B = 79.510)

Zu dem bereits in Abbildung 5.55, Abbildung 5.56 und Abbildung 5.58 gezeigten Verhalten bezüglich des Anstiegs der Totalmitteldehnung bzw. des Verschiebens der Hysteresen zu höheren Dehnungen während der Verfestigung stellt Abbildung 5.63 darüber hinaus die sich bei der halben Lebensdauer $N_B/2$ (Stabilisierungsbereich II) einstellenden Totalmitteldehnungen $\varepsilon_{t,m}$ sowohl für das unverstärkte als auch für das verstärkte Material gegenüber.

Dabei zeigt sich ein Anstieg der Totalmitteldehnung mit zunehmender Spannungsamplitude für beide Materialien. Zudem wird ab einer Spannungsamplitude σ_a = 150 MPa augenscheinlich, dass das unverstärkte Material nach der Verfestigung größere Totalmitteldehnungen aufbaut als der Verbund. Die Ursache für die kleineren Werte des Verbundes bei einer Spannungsamplitude von σ_a = 200 MPa konnte dagegen nicht geklärt werden.

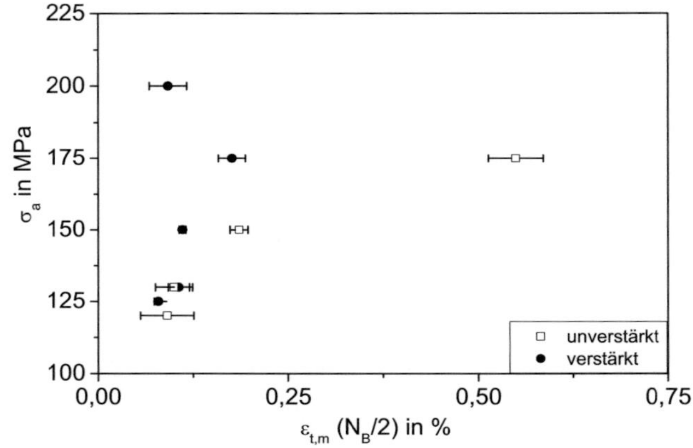

Abbildung 5.63: Totalmitteldehnungen $\varepsilon_{t,m}$ bei der halben Lebensdauer $N_B/2$ gegen die Spannungsamplitude σ_a für das unverstärkte T4 (F)-Material und den T4 (F)-Verbund

Zum Vergleich des Einflusses unterschiedlicher Wärmebehandlungszustände zeigt Abbildung 5.64 exemplarisch das Schädigungsverhalten einer unverstärkten (links) sowie einer verstärkten Probe (rechts) im Wärmebehandlungszustand T6.

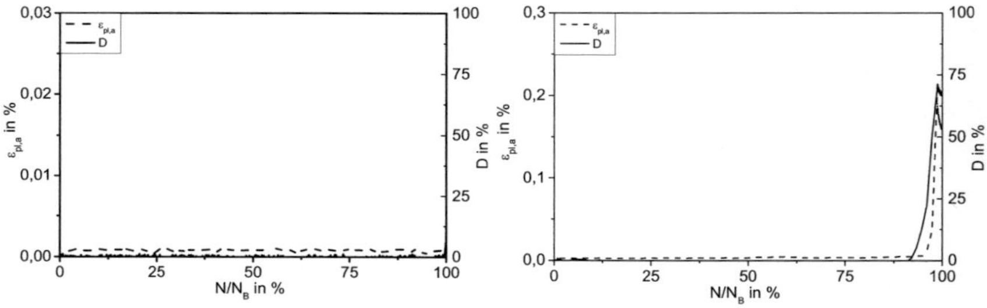

Abbildung 5.64: Exemplarische Verläufe der plastischen Dehnungsamplitude $\varepsilon_{pl,a}$ und des Schädigungsparameters D für das unverstärkte T6-Material (links) (σ_a = 150 MPa, N_B = 379.061) und den T6-Verbund (rechts) (σ_a = 175 MPa, N_B = 75.059)

Dabei ist ab Versuchsbeginn eine geringe plastische Dehnungsamplitude $\varepsilon_{pl,a}$ für beide Materialien erkennbar. Das Schädigungsverhalten erfolgt durch das Risswachstum innerhalb der Matrix bis zu ihrem anschließenden Bruch, was durch den steilen Anstieg des Schädigungsparameters D sowie der plastischen Dehnungsamplitude $\varepsilon_{pl,a}$ verdeutlicht ist. Anschließend ist beim Verbund die Verfestigung des Verstärkungselementes und der Bruch der Probe durch die Abnahme der plastischen Dehnungsamplitude $\varepsilon_{pl,a}$ zu sehen.

Im Falle der Verbundproben, die bei Spannungsamplituden σ_a > 230 MPa belastet wurden, läutete der Bruch der Matrix den Bruch des Verstärkungselementes und somit sofort das komplette Versagen der Probe ein.

5.4.3 Metallographische und fraktographische Untersuchungen

Zur Verdeutlichung der zyklischen Verfestigung im Bereich I zeigt Abbildung 5.65 transelektronenmikroskopische Aufnahmen von einer bei einer Spannungsamplitude von σ_a = 175 MPa belasteten unverstärkten Probe im Wärmebehandlungszustand T4 (F) (Mitte) und T6 (rechts). Der unbelastete Referenzzustand T4 (F) ist im linken Teil dargestellt.

Abbildung 5.65: TEM-Aufnahmen unverstärkter Proben: T4 (F), unbelastet (links); T4 (F), σ_a = 175 MPa, N_B = 19.839 (Mitte); T6, σ_a = 175 MPa, N_B = 19.7574 (rechts)

Dabei sind bei allen Zuständen manganhaltige Dispersoide ovaler sowie runder Form, was auf die Schnittperspektive zurückzuführen ist, ersichtlich.

Zudem zeigt der Referenzzustand bereits eine hohe Anzahl von Versetzungen, was vermutlich auf den Herstellungszustand zurückgeführt werden kann. Des Weiteren ist die beim belasteten T4 (F)-Zustand ersichtliche, rechtwinklige Ausscheidungsstruktur auffällig, die, im Vergleich zum unbelasteten Referenzzustand, vermutlich durch die Beanspruchung herrührt. Demgegenüber ist beim belasteten T6-Zustand eine ungeordnete Versetzungsstruktur augenscheinlich. Dabei kann festgestellt werden, dass sich Versetzungsanhäufungen (Cluster) gebildet haben, die teilweise den Charakter einer Kleinwinkelkorngrenze (Subkorngrenze) besitzen.

Um qualitative Aussagen über die Schädigungsentwicklung treffen zu können, stellt Abbildung 5.66 die Ergebnisse der Oberflächenuntersuchungen nach unterschiedlichen Lastspielzahlen für eine 11,1 Vol.-% verstärkte Probe dar. Die Probe wurde mit einem Ausgangsdurchmesser von 3,3 mm vor Versuchsbeginn in mehreren Schritten mechanisch bis zu einem Enddurchmesser von 3 mm poliert, bei einer Spannungsamplitude von 175 MPa belastet und nach Einsetzen der ersten Schallemissionsaktivität (vgl. Abschnitt 5.4.4) licht- sowie rasterelektronenmikroskopisch untersucht [Ree09].

In Abbildung 5.66 sind im oberen Teilbild das Rissausbreitungsverhalten des Primärrisses sowie die davon ausgehenden Sekundärrisse erkennbar. So zeigt sich insbesondere bei den Sekundärrissen eine Ausbreitung entlang der Gleitbänder (siehe Vergrößerung rechts). Des Weiteren ist ein Umgehen des Risses um eine Ausscheidung entlang der Grenzfläche und eine weitere Ausbreitung entlang der darunter befindlichen Ebene erkennbar.

Bei weiteren 1.019 Zyklen, Abbildung 5.66 (Mitte), zeigt sich bezüglich der bereits vorhandenen Sekundärrisse, die sich auf den Gleitbändern bewegen, ein unverändertes Bild. Demgegenüber zeigt der Primärriss ein Wachstum um ca. 30 µm.

Abbildung 5.66 (unten) stellt den Fortschritt des Primärrisses, dessen Länge um ca. 750 µm während weiterer 3.020 Zyklen zugenommen hat, dar. Bei genauerer Betrachtung zeigen sich viele Sekundärrisse, die im Winkel von 90° vom Primärriss innerhalb von Gleitbändern ausgehen. Zudem ist die große Öffnung des Primärrisses ersichtlich.

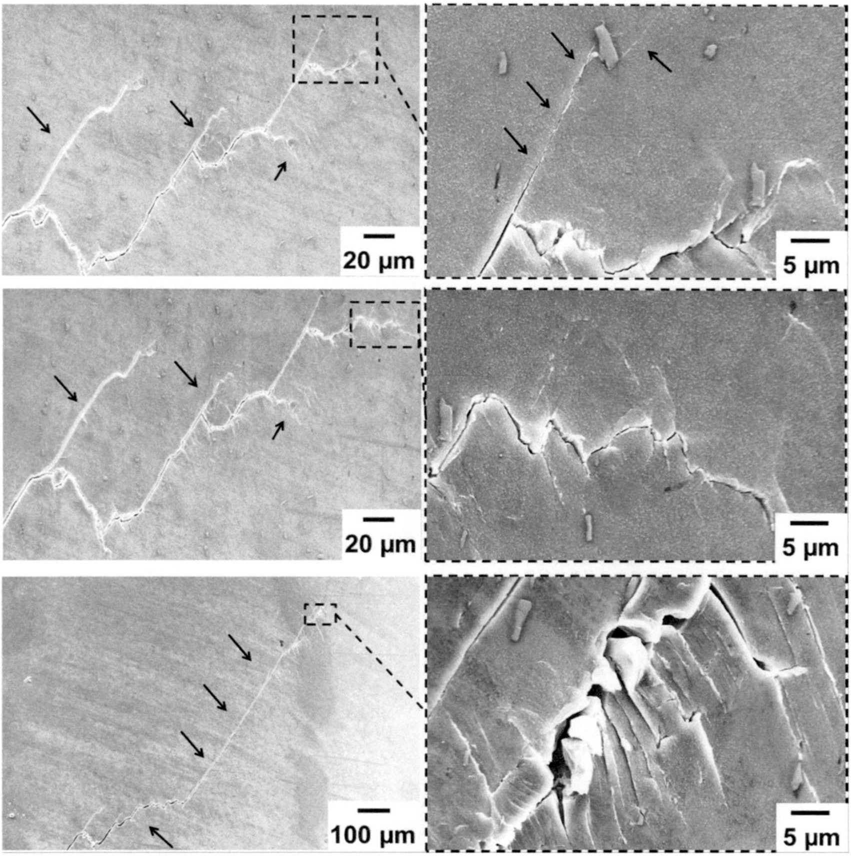

Abbildung 5.66: REM-Aufnahmen der Probenoberfläche mit Detailaufnahmen (rechts) (T4 (F), σ_a = 175 MPa); oben: N/N_B = 97,3 %, Mitte: N/N_B = 97,6 %, unten: N/N_B = 98,6 %; Belastungsrichtung ist horizontal

Das Rissausbreitungsverhalten in das Probeninnere wird durch die in Abbildung 5.67 gezeigten Längsschliffe für die Ermüdungsbereiche III (oben) und IV (unten) verdeutlicht. Dabei zeigt sich im oberen Teilbild das Risswachstum ausgehend von der Probenoberfläche hin zum Verstärkungselement. Bei Erreichen der Grenzfläche erfolgt eine Delamination entlang dieser (siehe Vergrößerung rechts).

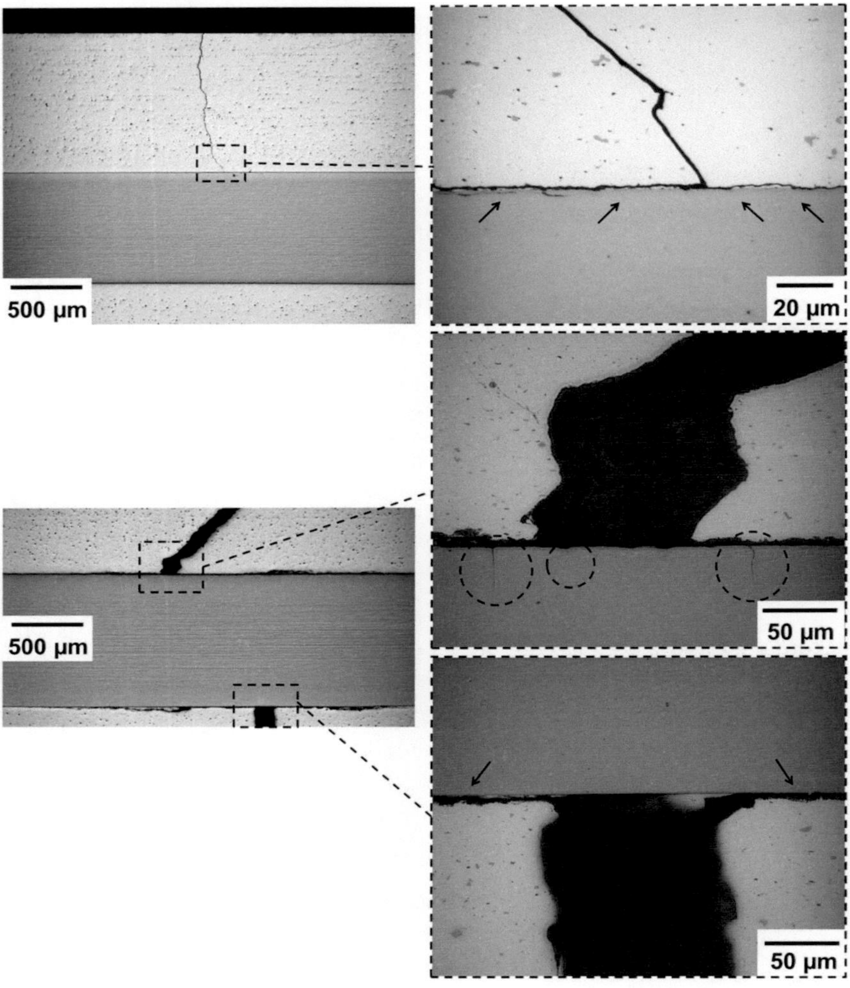

Abbildung 5.67: Längsschliffe belasteter (σ_a = 175 MPa) T4 (F)-Proben (links) mit Detailaufnahmen (rechts) vor Matrixbruch, Bereich III (oben) und nach Matrixbruch, Bereich IV (unten)

Im unteren Teil von Abbildung 5.67 ist die weitere Rissausbreitung innerhalb der Matrix bzw. der Bruch der Matrix zu sehen. Auf der gegenüberliegenden Seite der

Rissausgangsstelle ist ebenfalls eine Delamination der Grenzfläche erkennbar, siehe Vergrößerungen (rechts) (Pfeile). Allerdings lässt sich über die Delaminationslänge in Axialrichtung der Probe keine Aussage treffen.

Des Weiteren ist die Rissentwicklung innerhalb des Verstärkungselementes auf der Rissinitiierungsseite der Probe durch mehrere Rissinitiierungsorte (Kreise) mit der größten Risslänge von ca. 30 µm erkennbar.

Da sich bei Verbundproben im Wärmebehandlungszustand T6 ein analoges Schädigungsverhalten (bei Spannungsamplituden unterhalb von $\sigma_a = 250$ MPa), ausgehend von der Probenoberfläche gezeigt hat, wird hier auf die detaillierte metallographische Darstellung verzichtet (Details vgl. [Ree09]).

Abbildung 5.68 stellt fraktographische Aufnahmen einer Verbundprobe im Wärmebehandlungszustand T4 (F) dar. Trotz der Tatsache, dass durch die rein wechselnde Last ein Berühren der Matrixbruchflächen während der Verstärkungselementermüdung erfolgt, lässt die Matrixbruchfläche dennoch weitergehende Aussagen über die Schädigung zu.

Dabei zeigt sich ausgehend von der vermuteten Rissinitiierungsstelle (Abbildung 5.68 (links)) eine Ermüdungsrissausbreitung bis zum Verstärkungselement. Parallel zum Rissausbreitungsverhalten entlang der Grenzfläche (vgl. Abbildung 5.67) umgeht der Riss das Verstärkungselement, was die mit Schwingstreifen behafteten Bereiche schließen lassen, siehe Abbildung 5.68 (oben) und (unten).

Dort ist das Aufreißen des Matrixmaterials in Bruchflächennormalenrichtung augenscheinlich, was vermutlich auf das Herauslösen von Partikeln zurückgeführt werden kann.

Anschließend erfolgt der Gewaltbruch des Matrixmaterials, siehe Abbildung 5.68 (rechts). Dabei lässt die starke plastische Verformung der Bruchfläche vermuten, dass sich das Aufeinanderschlagen der Matrixbruchflächen nach dem Gewaltbruch der Matrix und der sich daran anschließenden Verstärkungselementermüdung auf diesen Bereich konzentriert hat.

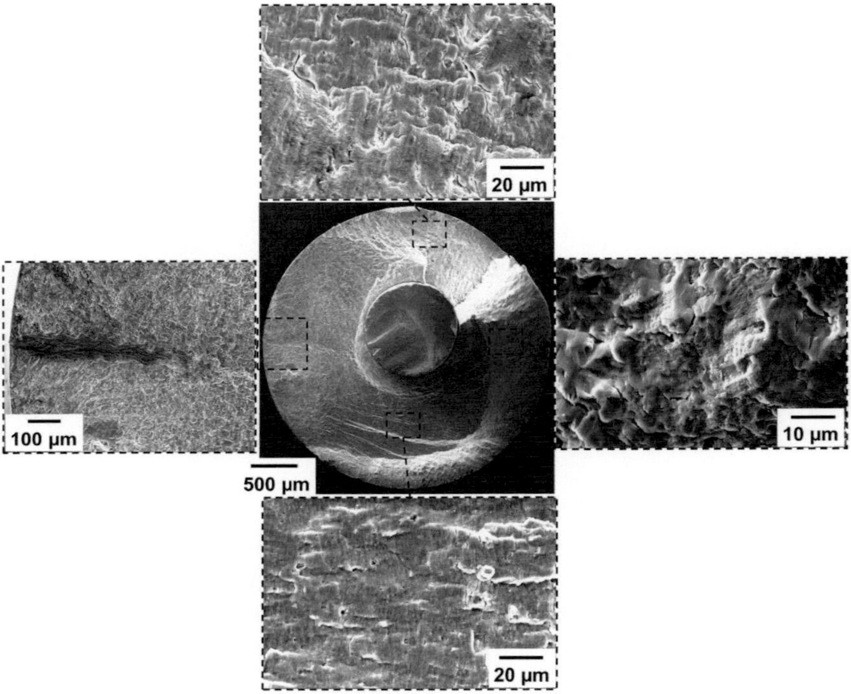

Abbildung 5.68: Fraktographie des Matrixmaterials einer T4 (F)-Verbundprobe, $\sigma_a = 130$ MPa, $N_B = 9.690.693$

Abbildung 5.69 zeigt eine Vergrößerung des in Abbildung 5.68 gezeigten Verstärkungselementes sowie Detailaufnahmen in der Nähe des Rissausgangs (links), des Ermüdungsbereiches (unten) und der Gewaltbruchfläche (oben).

Auffällig bei der fächerhaften Rissinitiierungsstelle sowie im Ermüdungsbereich sind die sich durch herausgelöste Karbide gebildeten Löcher. Diese sind ebenfalls bei der Gewaltbruchfläche durch die porenbehaftete Struktur erkennbar. Abbildung 5.69 (rechts) zeigt eine Aufnahme im Bereich der ehemaligen Grenzfläche, deren axiale Ablösung ebenfalls augenscheinlich ist. Dabei lässt sich die Delamination im Bereich der Bruchfläche über den gesamten Drahtumfang erkennen.

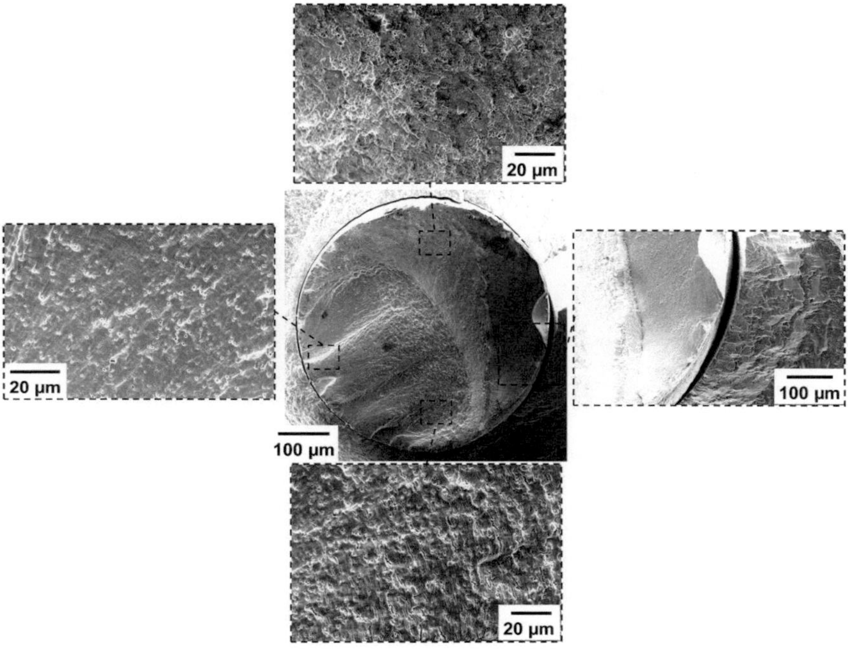

Abbildung 5.69: Fraktographie des Verstärkungselementes einer T4 (F)-Verbundprobe, $\sigma_a = 130$ MPa, $N_B = 9.690.693$

Abbildung 5.70 stellt den Vergleich zweier verstärkter Proben im Wärmebehandlungszustand T6 dar, die bei unterschiedlichen Lasthorizonten belastet wurden. Dabei zeigt sich bei der mit niedriger Spannung belasteten Probe ein vergleichbares Schädigungsbild wie bei den Verbundproben im Wärmebehandlungszustand T4 (F). Demgegenüber lässt die bei höherer Beanspruchung belastete T6-Verbundprobe einen davon abweichenden Schädigungsmechanismus erkennen. Zunächst fällt die asymmetrische Lage des Verstärkungselementes bei der rechten Probe auf. Es fällt weiter auf, dass das Matrixmaterial entlang der Längspressnaht ausgehend von der Grenzfläche aufgerissen ist. Zudem ist eine ausgeprägte Einschnürung des Verstärkungselementes zu erkennen, was auf einen Gewaltbruch schließen lässt [Ree09].

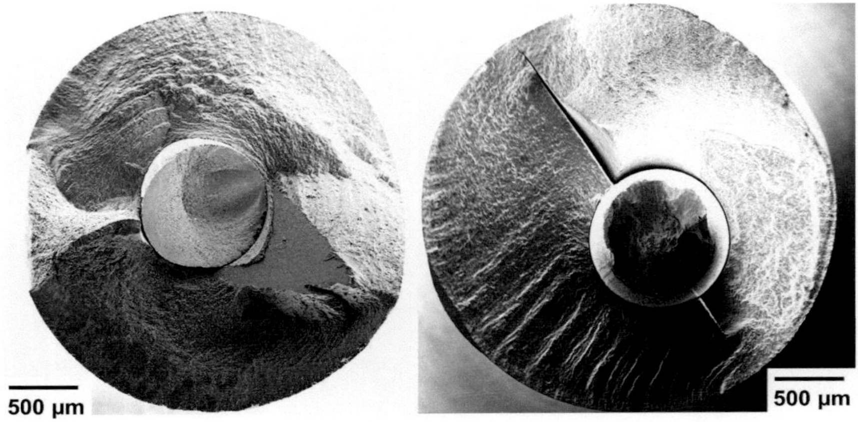

Abbildung 5.70: Fraktographie verstärkter T6-Proben, σ_a = 125 MPa, N_B = 6.881.857 (links) und σ_a = 250 MPa, N_B = 13.815 (rechts)

5.4.4 Anwendung der Schallemissionsanalyse

In Vorversuchen wurde der Einfluss der Störgeräusche, die auf die umgebenden Prüfmaschinen und die nicht vermeidbaren Antriebsgeräusche zurückzuführen sind, sowie eventuelle Reibgeräusche, die vom Ansetzdehnungsaufnehmer herrühren, mittels Breitbandsensoren B1025 der Bauart Digital Wave eingehend untersucht [Mer10] [Ree09]. Ausgehend von diesen Untersuchungen konnten besser geeignete resonante Sensoren mit einer (spezifisch) größeren Empfindlichkeit innerhalb eines schmaleren Frequenzbereiches sowie passende Bandpassfilter ausgewählt werden (vgl. Abschnitt 4.4). Dies erlaubt eine frühere Detektion und genauere Ortung der Schädigung, wie z. B. Rissausbreitung, Matrixversagen und Bruch des Verstärkungselementes.
Abbildung 5.71 zeigt exemplarisch den Vergleich zwischen den Schallemissionsdaten und den mittels des Ansetzdehnungsaufnehmers ermittelten mechanischen Kenngrößen, wobei die Bereichseinteilung durch die in Abschnitt 5.4.2 gezeigten Untersuchungen erfolgte. Abbildung 5.71 (links) zeigt die Gegenüberstellung der plastischen Dehnungsamplitude $\varepsilon_{pl,a}$ mit dem RMS-Wert, wodurch insbesondere während der Verfestigung (Bereich I) ein Abfall des RMS-Wertes augenscheinlich ist. Die Konzentration der detektierten Signale nimmt dabei erst innerhalb des Bereiches III zu. Zudem ist eine Zunahme des RMS-Wertes kurz vor Bruch der Probe zu konstatieren.

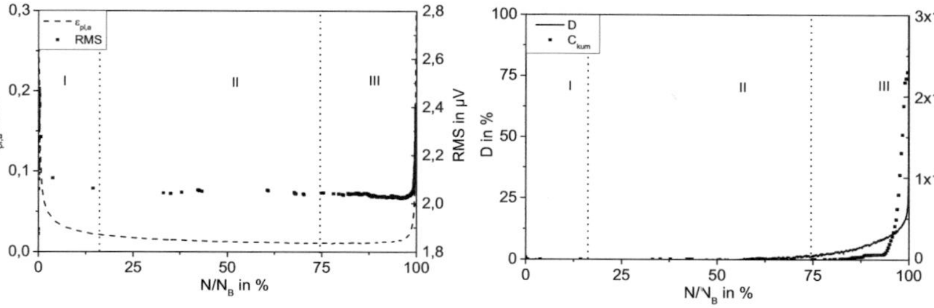

Abbildung 5.71: Vergleich zwischen den mechanischen Kennwerten $\varepsilon_{pl,a}$ (links) sowie D (rechts) und den akustischen Kenngrößen RMS (links) sowie C_{kum} (rechts) (T4 (F), unverstärkt, σ_a = 175 MPa, N_B = 19.839, Thr = 22,7 dB, untere Sensorposition)

Da äußere Störungen einen signifikanten Anstieg der Schallemissionsenergie (quadrierte Spannungswerte, vgl. Abschnitt 2.4.1) zur Folge haben, wurden hier die Schwellenwertüberschreitungen (Counts) als Schädigungsmaß herangezogen. Somit stellt Abbildung 5.71 (rechts) den Verlauf der kumulierten Counts C_{kum} und des Schädigungsparameters D gegenüber. Dabei zeigt sich innerhalb des Bereiches I zunächst lediglich eine geringe Erhöhung der kumulierten Counts, wohingegen in Bereich III nach dem Registrieren der Schädigung durch D eine Erhöhung der Signaldichte sowie ein signifikanter (stetiger) Anstieg der kumulierten Counts bis zum Bruch der Probe augenscheinlich sind.

Abbildung 5.72 (links) stellt exemplarisch die georteten Signale während der Versuchsdauer dar. Für die Lokalisierung wurde Gleichung 2.17 – unter Vernachlässigung der Verlängerung aufgrund der relativ kleinen sich einstellenden Totaldehnungen – angewandt.

Innerhalb des Bereiches II zeigt sich ab ca. 60 % der Lebensdauer eine Konzentration der georteten Hits in der Versuchslänge. Innerhalb des Bereiches III ist eine Verdichtung der Signale mit einem abruptem Ende der Detektion bei ca. N/N_B = 90 % zu verzeichnen. Kurz vor Probenbruch ist eine erhöhte Streubreite der Signale über der Versuchslänge bei ca. 98 % der Lebensdauer erkennbar. Die ex-post-Verteilung aller während der Lebensdauer georteten Hits in Abbildung 5.72 (rechts) liefert eine sehr gute Übereinstimmung mit der realen Bruchstelle.

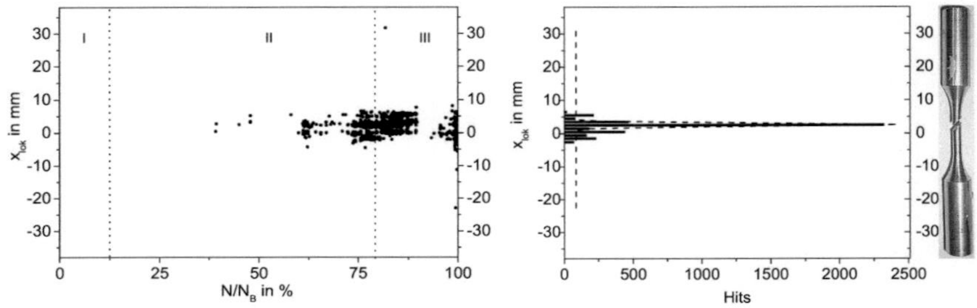

Abbildung 5.72: Ortung der detektierten Hits (T4 (F), unverstärkt, σ_a = 150 MPa, N_B = 33.670, v_{schall} = 4.500 m/s)

Abbildung 5.73 stellt die mechanischen sowie akustischen Kennwerte über der Lebensdauer einer Verbundprobe exemplarisch gegenüber.

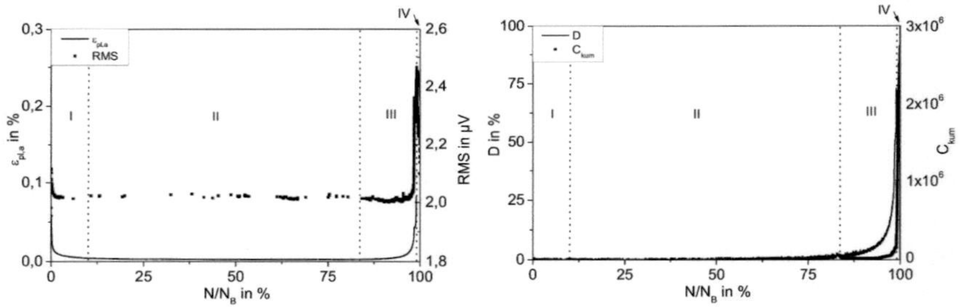

Abbildung 5.73: Vergleich zwischen den mechanischen Kennwerten $\varepsilon_{pl,a}$ (links) sowie D (rechts) und den akustischen Kenngrößen RMS (links) sowie C_{kum} (rechts) (T4 (F), verstärkt, σ_a = 175 MPa, N_B = 79.510, Thr = 22 dB, untere Sensorposition)

Dabei lässt Abbildung 5.73 (links) während der Verfestigung des Matrixmaterials ein Abfall des RMS-Wertes erkennen. Die während des Risswachstums innerhalb der Matrix detektierten Schallsignale sind sowohl durch den Anstieg und eine Verdichtung des RMS-Wertes als auch durch den Anstieg der kumulierten Schwellenwertüberschreitungen in Abbildung 5.73 (rechts) augenscheinlich.

Einen detaillierten Einblick in die Schädigung ab Ende des Bereiches III gibt Abbildung 5.74 durch die Gegenüberstellung des mechanischen Schädigungsparameters D und der kumulierten Schwellenwertüberschreitungen C_{kum}. Hierbei zeigt sich ab Beginn des Bereiches III sowohl ein signifikanter Anstieg der Schwellenwertüberschreitung als auch eine Verdichtung der kumulierten Counts, siehe Abbildung 5.74 (links).

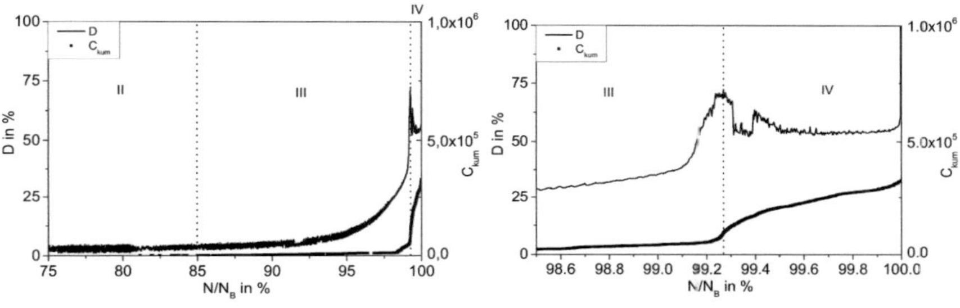

Abbildung 5.74: Vergleich zwischen dem Schädigungsparameter D und C_{kum} (links) mit Detail (rechts) (T4 (F), verstärkt, σ_a = 150 MPa, N_B = 361.453, Thr = 22 dB, untere Sensorposition)

Abbildung 5.74 (rechts) verdeutlicht Details der Schädigungsentwicklung während des Bereiches IV, innerhalb dessen die Ermüdung des Verstärkungselementes erfolgt. Dabei ist ein steiler (stetiger) Anstieg der kumulierten Counts ab dem Übergang von Bereich III zu Bereich IV zu konstatieren.

Abbildung 5.75 (links) stellt Details des Schädigungsverlaufs vor Matrixbruch (Ende Bereich III) sowie des Verformungs- und Schädigungsverhaltens des Verstärkungselementes innerhalb des Bereiches IV dar.

Dabei zeigt sich analog dem Verlauf der plastischen Dehnungsamplitude $\varepsilon_{pl,a}$, ein steiler Anstieg des RMS-Wertes am Ende des Bereiches III. Außerdem ist ein Maximum des RMS-Wertes beim Umkehrpunkt der Steigung der plastischen Dehnungsamplitude $\varepsilon_{pl,a}$, bei ca. 99,2 % der Lebensdauer, feststellbar. Ein weiteres lokales Maximum des RMS-Wertes ist beim Bruch der Matrix, beim lokalen Maximum der plastischen Dehnungsamplitude, augenscheinlich. Während der Verfestigung des Verstärkungselementes, was durch den Abfall der plastischen Dehnungsamplitude $\varepsilon_{pl,a}$ in Bereich IV ersichtlich ist, ist ein steiler Abfall des RMS-Wertes bis zu einer Sättigung zu verzeichnen. Kurz vor dem Versagen des Verstärkungselementes ist ein Anstieg beider Kennwerte augenscheinlich.

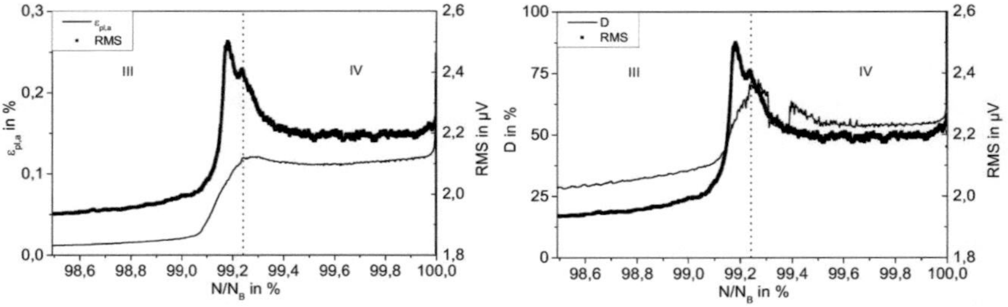

Abbildung 5.75: Vergleich zwischen den mechanischen Kennwerten $\varepsilon_{pl,a}$ (links) sowie D (rechts) und den akustischen Kenngrößen RMS (T4 (F), verstärkt, σ_a = 175 MPa, N_B = 79.510, Thr = 22 dB, untere Sensorposition)

Abbildung 5.75 (rechts) zeigt den Vergleich des RMS-Wertes mit dem Schädigungsparameter D. Neben dem analogen Verlauf des akustischen und des mechanischen Kennwertes während des Risswachstums in der Matrix zeigt sich außerdem eine zeitliche Übereinstimmung des lokalen Maximums des RMS-Wertes mit dem Maximum des Schädigungsparameters D. Während des Risswachstums im Verstärkungselement kurz vor dessen Bruch am Ende des Versuchs ist ein Anstieg des RMS-Wertes erkennbar.

Die Ortung der Schädigung über der relativen Lebensdauer ist in Abbildung 5.76 (links) dargestellt. Im Bereich II zeigen sich bereits vereinzelte geortete Signale über der kompletten Versuchslänge.

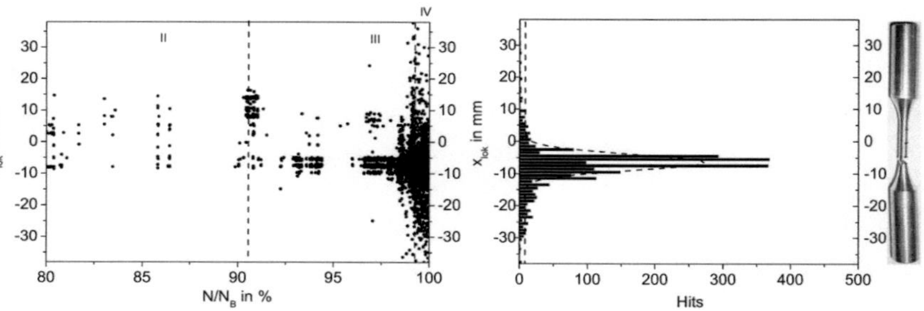

Abbildung 5.76: Ortung der detektierten Hits (T4 (F), verstärkt, σ_a = 175 MPa, N_B = 194.263, v_{schall} = 4.500 m/s)

Im Bereich III erfolgt eine Verdichtung der Signale im unteren Teil der Versuchslänge. Die Streuung der georteten Signale nimmt bis zum Bruch der Matrix am Ende des Bereiches III über die komplette Versuchslänge zu. Im Bereich IV während der Verstärkungselementermüdung ist insbesondere die hohe Konzentration an georteten Schallsignalen über nahezu der kompletten Probenlänge augenscheinlich.
Da eine genaue Aussage bezüglich des Schädigungsortes der innerhalb Bereich III georteten Hits ausbleibt, sind für die Verteilung lediglich die vor Matrixbruch detektieren Hits in Abbildung 5.76 (rechts) dargestellt. Dabei ist mittels der Gaußverteilung eine sehr gute Übereinstimmung mit der realen Bruchstelle zu konstatieren.
Es bleibt festzuhalten, dass eine verlässliche in-situ-Lokalisierung aufgrund der Streuung der lokalisierten Signale ausbleibt. Dennoch ist eine ex-post-Lokalisierung der Schädigung prinzipiell möglich.

5.4.5 Lebensdauermodellierung und Diskussion

Lebensdauermodellierung

In Abbildung 5.61 wurde gezeigt, dass die Schädigung sowohl für das unverstärkte Material als auch für den Verbund im letzten Drittel der Lebensdauer einsetzt. Somit können fortan nähere Untersuchungen bezüglich des Wechselverformungsverhaltens bei der halben Lebensdauer $N_B/2$ durchgeführt werden.
Abbildung 5.77 stellt die Mittelwerte der Totaldehnungsamplituden $\varepsilon_{t,a}$ im Sättigungsbereich – bei der halben Bruchlastspielzahl $N_B/2$ – über der Lebensdauer verstärkter und unverstärkter Proben im Wärmebehandlungszustand T4 (F) dar.
Durch die Lagen der Ausgleichsgeraden ist grundlegend ersichtlich, dass die jeweilige Lebensdauer N_B unverstärkter Proben und Verbundproben für bei unterschiedlichen Spannungsamplituden σ_a sich ähnlich einstellende Totaldehnungen $\varepsilon_{t,a}$ vergleichbar ist.

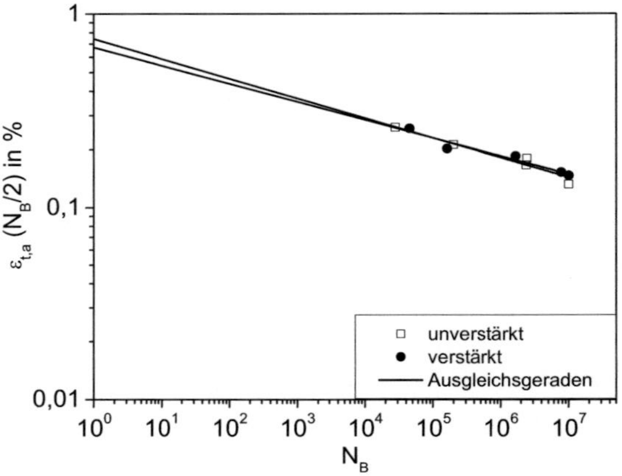

Abbildung 5.77: Dehnungswöhlerkurven für das unverstärkte Material und den Verbund im Wärmebehandlungszustand T4 (F)

Dabei kann folgender Zusammenhang formuliert werden:

$$\varepsilon_{t,a}(\sigma_{a,V}) = \varepsilon_{t,a}(\sigma_{a,M}) \text{ bei } N_B(v) = N_B(uv) \qquad \textbf{Gleichung 5.6}$$

Aufgrund der höheren Steifigkeit verstärkter Proben zeigen diese geringere plastische Anteile (vgl. Abbildung 5.59).
Durch die Analogie von Gleichung 5.6 zur Dehnungsgleichheit nach Gleichung 2.2, lässt sich letztere wie folgt durch das Hooke'sche Gesetz umformen:

$$\frac{\sigma_V}{E_V} = \frac{\sigma_M}{E_M}$$
$$\Rightarrow \sigma_V = \sigma_M \cdot \frac{E_V}{E_M} \qquad \textbf{Gleichung 5.7}$$

Mittels Anwendung der Mischungsregel nach Gleichung 2.4 lässt sich Gleichung 5.7 weiter umformen zu:

$$\sigma_V = \sigma_M \cdot \left(\frac{E_{VE}}{E_M} \cdot V_{VE} + (1 - V_{VE})\right) \qquad \textbf{Gleichung 5.8}$$

Dadurch, dass sich die in Abbildung 5.77 dargestellten Totaldehnungen $\varepsilon_{t,a}$ durch die kraftkontrollierte Versuchsführung unter verschiedenen Spannungsamplituden σ_a einstellen, verdeutlicht Abbildung 5.78 den Zusammenhang der Spannungsamplituden-Totaldehnungsamplituden-Werte unverstärkter Proben und Verbundproben anhand eines zyklischen Spannungs-Dehnungs-Diagramms.

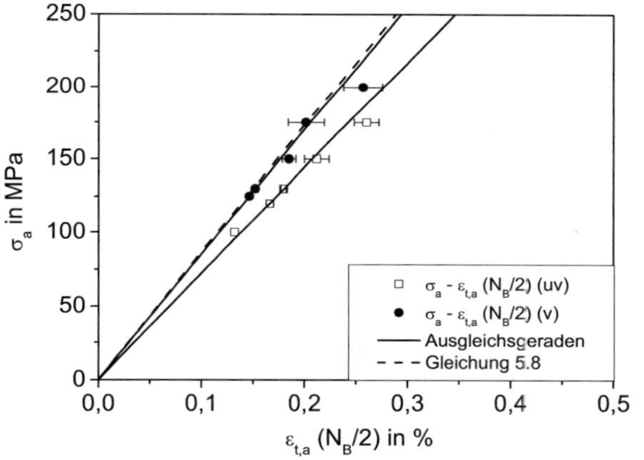

Abbildung 5.78: Vergleich der zyklischen Spannungs-Dehnungs-Kurven zwischen unverstärktem Material und dem Verbund im Wärmebehandlungszustand T4 (F)

Zusätzlich zu den linearen Ausgleichsgeraden für das unverstärkte Material und für den Verbund ist die nach Gleichung 5.8 ermittelte Gerade – die die Verbundspannungsamplitude σ_a (v), bei der sich die gleiche Lebensdauer N_B wie für das unverstärkte Material einstellt – dargestellt.

Dabei zeigt sich anhand der Ausgleichsgeraden, dass der Zusammenhang zwischen der Spannungsamplitude des verstärkten Materials und der des unverstärkten Materials auf die unterschiedlichen Steifigkeiten beider Materialien zurückgeführt werden kann, was in guter Korrelation mit Gleichung 5.8 steht.

Die mittels der Ausgleichsgeraden ermittelten Steifigkeiten liegen bei E (uv) = 72 GPa für das unverstärkte Material und bei E (v) = 85 GPa für den Verbund mit V_{VE} = 11,1 Vol.-%. Durch Vergleich der Steifigkeiten mit den in Abschnitt 5.2.2 gezeigten Untersuchungen bestätigt sich die Annahme, dass bei der halben Lebensdauer noch keine signifikante Schädigung erfolgt (vgl. Abbildung 5.61).

Unter Anwendung der Basquin-Beziehung [Bas10] für das unverstärkte Material lässt sich Gleichung 5.8 wie folgt angeben:

$$\sigma_{a,V} = \sigma'_{B,M} \cdot (N_B(uv))^b \cdot \left(\frac{E_{VE}}{E_M} \cdot V_{VE} + (1 - V_{VE})\right)$$ **Gleichung 5.9**

Abbildung 5.79 zeigt den Vergleich der experimentell ermittelten Wöhlerkurven mit denen der Lebensdauerabschätzung für den Verbund mit 11,1 Vol.-% im Wärmebehandlungszustand T4 (F) unter Einsetzen der in Tabelle 5.2 und Tabelle 5.5 angegebenen sowie der in Abbildung 5.14 gezeigten Kennwerte.

Dabei ist eine gute Abschätzung der Lebensdauer mittels des Modells nach Gleichung 5.9 im Vergleich zu der experimentell bestimmten Lebensdauer für das verstärkte Material bei Spannungsamplituden $\sigma_a < 200$ MPa erkennbar. Außerdem kann auch eine Abschätzung bezüglich der $R_{w,10^7}$-Wechselfestigkeit getroffen werden.

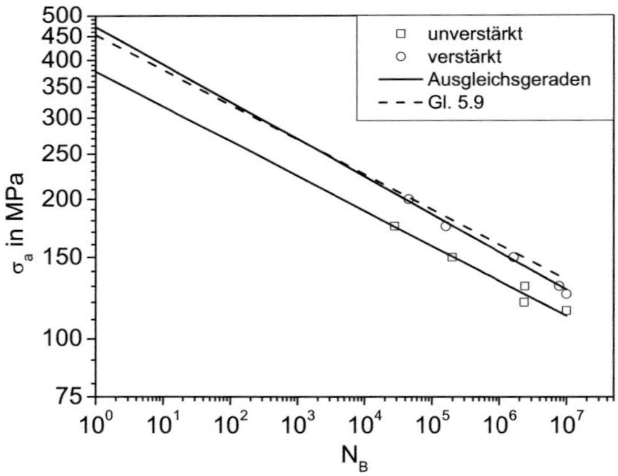

Abbildung 5.79: Vergleich der experimentell ermittelten Wöhlerkurven für den Wärmebehandlungszustand T4 (F) mit der Lebensdauerabschätzung

Dennoch kann festgehalten werden, dass eine leichte Überschätzung zu verzeichnen ist, was unter anderem auf die erschwerte Elastizitätsmodulmessung für das Verstärkungselement sowie auf die Streuungen der Bruchlastspielzahlen für das unverstärkte Material zurückgeführt werden kann.

Diskussion

Beim Vergleich der gemessenen Zugfestigkeitskennwerte für die Ermüdungsproben (vgl. Abschnitt 5.4.1) mit den in Tabelle 5.3 aufgelisteten Ergebnissen fällt auf, dass diese zwar eine gute Übereinstimmung bezüglich der Mittelwerte liefern, jedoch die für die Ermüdungsversuche untersuchten Proben weitaus größere Streuungen aufweisen. Dabei sind allerdings die Werte für das unverstärkte Material im Wärmebehandlungszustand T6 nicht mit den Werten aus Tabelle 5.3 vergleichbar, was vermutlich auf Unterschiede in der Wärmebehandlung zurückzuführen ist, da die Wärmebehandlung aufgrund der unterschiedlichen Chargen nicht gemeinsam durchgeführt wurde. Daher lassen sich die angegebenen Streuungen der Festigkeit für die Ermüdungsproben vermutlich auf den Verbundstrangpressprozess zurückführen. Die Verbesserung könnte hierbei in der symmetrischen Anordnung der Verstärkungselemente (vier symmetrisch platzierte Verstärkungselemente anstatt zwei auf einer Seite) begründet sein. Am wahrscheinlichsten ist, dass das bei einer Temperatur von ca. 570 °C durchgeführte Lösungsglühen (vgl. Abschnitt 3.1.3) zu hoch angesetzt wurde. So konnte bereits durch [Bir06] bestätigt werden, dass bei einem Mangangehalt von 0,55 Ma.-% und bei einer Lösungsglühtemperatur von 570 °C vor dem Strangpressen vorgeheiztes EN AW-6082 niedrigere Härtewerte aufweist als Material mit höheren Mangangehalten oder bei niedrigerer Temperatur verpresstes Material. Weitergehende Untersuchungen bezüglich des Einflusses der Lösungsglühtemperatur auf die mechanischen Eigenschaften und die Gefügeeigenschaften werden in [Mro05] aufgezeigt.

Zusammenfassend zeigt Abbildung 5.80 den Vergleich der Wöhlerkurven für das unverstärkte Material und für den Verbund nach dem Strangpressen (T4 (F)) und nach einer zusätzlichen T6-Wärmebehandlung. Zur besseren Übersichtlichkeit wurden hier nur die Mittelwerte der ertragenen Bruchlastspielzahlen eingetragen.

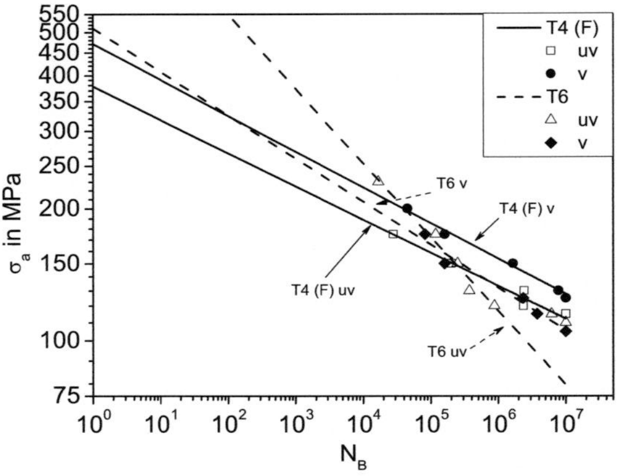

Abbildung 5.80: Vergleich der ermittelten Wöhlerkurven des unverstärkten Materials sowie des Verbundes im Wärmebehandlungszustand T4 (F) und T6

Dabei ist festzuhalten, dass eine bezüglich der monotonen Festigkeit optimierte T6-Wärmebehandlung (vgl. Abschnitt 5.2.3) zu deutlich schlechteren zyklischen Eigenschaften bei kleineren Spannungsamplituden führt. Dabei ist auffällig, dass der T6-Verbund unterhalb 150 MPa eine vergleichbare Lebensdauer wie das unverstärkte T4 (F)-Material aufweist.

Die Wechselfestigkeit des unverstärkten T6-Materials entspricht mit $R_{W/10^7}$ (uv) = 110 MPa dem in [Alu79] angegebenen Richtwert.

Für den Wärmebehandlungszustand T4 (F) kann zusammengefasst werden, dass durch das Verstärkungselement eine Steigerung der Wechselfestigkeit im Vergleich zum unverstärkten Material ($R_{W/10^7}$ (uv) = 115 MPa) um ca. 9 % erzielt werden kann ($R_{W/10^7}$ (v) = 125 MPa). Die Wechselfestigkeit des unverstärkten Materials im Wärmebehandlungszustand T4 (F) liegt um ca. 38 % oberhalb der $R_{p0,2}$-Dehngrenze (= 83,7 MPa) und liegt dabei um ca. 45 MPa oberhalb des in [Alu79] angegebenen Richtwertes von $R_{W/10^7}$ (uv) = 70 MPa. Die Wechselfestigkeit des verstärkten Materials liegt dagegen ca. 50 MPa unterhalb $R_{p0,2}$ = 176 MPa. Durch den Einsatz der höherfesten Legierung EN AW-6082 kann im Vergleich zu EN AW-6060 [Wei06c] [Wei07] eine Erhöhung der Wechselfestigkeit um 40 MPa (+ 53 %) erzielt werden. Der Vergleich zur 11,1 Vol.-% verstärkten Variante zeigt eine Erhöhung der Wechselfestigkeit um 14 % (= 15 MPa).

Die unterschiedlichen Stadien der Verformung und der Schädigung sollen nun zusammengefasst erläutert werden:

Bereich I: Verfestigung des Matrixmaterials

Das Verstärkungselement bewirkt eine Dehnungsbehinderung und somit eine Versteifung, die zu einer Verfestigungsbehinderung in Bereich I im Vergleich zum unverstärkten Material führt. Dies erklärt die höhere Verfestigung des unverstärkten Materials bei gleichen Lasthorizonten (vgl. Abbildung 5.59).

Zur Klärung des hohen Verfestigungspotenzials des unverstärkten T4 (F)-Materials, ersichtlich an der um ca. 50 MPa höheren 10^7-Wechselfestigkeit gegenüber der quasi-statisch ermittelten Streckgrenze (R_{es} = 67 MPa), wurden transmissionselektronenmikroskopische Untersuchungen durchgeführt.
Die in Abbildung 5.65 mittels TEM-Aufnahmen gezeigten manganhaltigen Dispersionen wurden unter anderem bereits durch [Rom02] konstatiert. Zudem wurde die dargestellte rechtwinklig angeordnete Ausscheidungsstruktur beim belasteten T4 (F)-Zustand bereits in [Gup01] [Jia03] gefunden. Dabei zeigte sich eine eindeutige Zunahme der Ausscheidungsdichte bei der belasteten T4 (F)-Probe im Vergleich zu der unbelasteten Probe.
Durch [Chr09] konnte bereits aufgezeigt werden, dass verformungsinduzierte Ausscheidungen eine massive Zunahme der Wechselverfestigung ermöglichen. Diesbezüglich wird nun detaillierter auf den Sättigungszustand eingegangen.

Bereich II: Sättigungszustand

Abbildung 5.81 stellt den Vergleich zwischen der zyklischen Spannungs-Dehnungs-Kurve und der quasi-statisch ermittelten Zugverfestigungskurve für das unverstärkte Material (links) und für den Verbund (rechts) im Wärmebehandlungszustand T4 (F) dar. Zusätzlich sind für beide Materialien die quasi-statisch ermittelten Zugverfestigungskurven von Durchläuferproben eingetragen. Daneben wurde für das unverstärkte Material die quasi-statisch ermittelte Zugverfestigungskurve einer für 10.000 Zyklen bei einer Spannungsamplitude von σ_a = 150 MPa vorbelasteten und anschließend quasi-statisch bis zum Bruch beanspruchten Probe eingetragen. Aussagen über die Schädigung nach Einschnürung werden aufgrund der unterschiedlichen Messlängen der Proben (vgl. Abschnitt 3.2) nicht getroffen.

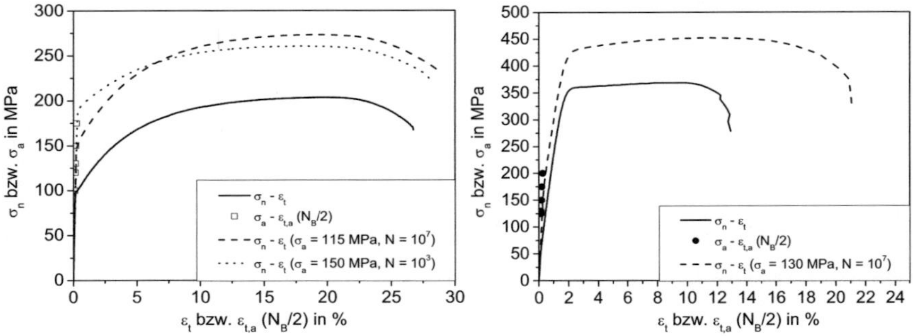

Abbildung 5.81: Vergleich der zyklischen Spannungs-Dehnungs-Kurve mit der quasi-statisch ermittelten Kurve für das unverstärkte Material (links) und den Verbund (rechts) im Wärmebehandlungszustand T4 (F)

Abbildung 5.81 (links) verdeutlicht die ausgeprägte zyklische Verfestigung des unverstärkten Materials, die zu Beginn der Ermüdungsversuche (Bereich I) auftritt. Hier ist bei der zyklischen Streckgrenze eine Erhöhung um mindestens 200 % gegenüber der quasi-statisch ermittelten Streckgrenze ($R_{es} \approx 67$ MPa, vgl. Abbildung 5.15) feststellbar. Genauere Aussagen sind aufgrund der fehlenden Lasthorizonte oberhalb 175 MPa für das unverstärkte Material nicht möglich. Allerdings verdeutlicht der Vergleich zwischen der ermittelten Streckgrenze der bei 150 MPa zyklisch vorbelasteten Probe ($R_{es,zykl} \approx 165$ MPa) und der Durchläuferprobe ($R_{es,zykl} \approx 140$ MPa) das ausgeprägte Verfestigungspotenzial dieser Legierung im T4 (F)-Zustand und liefert somit eine Erklärung für die in Bezug auf die $R_{p0,2}$-Dehngrenze um ca. 38 % erhöhte Wechselfestigkeit.

Des Weiteren ist ersichtlich, dass mit der zyklischen Verfestigung ein signifikanter Anstieg der Zugfestigkeit einhergeht. So ist die Zugfestigkeit der beiden zyklisch vorbelasteten Proben (R_m = 260-273 MPa) im Vergleich zum unverstärkten Material ($R_m \approx 203$ MPa) um ca. 28-35 % erhöht.

Nach [Fuc80] [Juv67] kann eine Abschätzung für die Wechselfestigkeit bei Aluminiumlegierungen mit Zugfestigkeiten $R_m < 325$ MPa wie folgt bestimmt werden:

$$R_W \approx 0{,}4 \cdot R_m = 0{,}4 \cdot 200 \text{ MPa} = 80 \text{ MPa} \qquad \textbf{Gleichung 5.10}$$

Dies ist eine eher konservative Einschätzung der Wechselfestigkeit (vgl. Tabelle 5.5). Durch Einsetzen der Zugfestigkeit von zyklisch vorbelasteten Proben ($R_m \approx 273$ MPa) ergibt sich nach Gleichung 5.10 eine Wechselfestigkeit von $R_W \approx 109$ MPa, was in guter Übereinstimmung mit der experimentell ermittelten Wechselfestigkeit ($R_{W/10^7}$ (uv) = 115 MPa) liegt. Auch beim Verbund ist eine ausgeprägte Verfestigung des Matrixmaterials ersichtlich, wobei die Streckgrenze ($R_{es} \approx 44$ MPa, vgl. Abbildung 5.15) um mindestens 300 % erhöht wird ($R_{es,zykl} \approx 145$ MPa). Dabei ist ebenfalls ein signifikanter Anstieg der $R_{p0,2}$-Dehngrenze augenscheinlich; allerdings können aufgrund fehlender Lasthorizonte $\sigma_a > 200$ MPa keine quantitativen Aussagen getroffen werden.

Die in Abbildung 5.63 gezeigte Zunahme der Mitteldehnung kann auf den Strength-Differential-Effekt bzw. auf die höhere Verfestigung (vgl. Abschnitt 5.3.3) zurückgeführt werden. Letzteres wurde bereits durch vergleichbare Beobachtungen in [Wei07] an EN AW-6060-T4 + 1.4310 vermutet. Durch den Einsatz des Verstärkungselementes ist dagegen eine Stabilisierung der Mitteldehnung analog zu den in [Wei07] beschriebenen Beobachtungen zu verzeichnen.

Abbildung 5.82 zeigt den Vergleich zwischen der zyklischen Spannungs-Dehnungs-Kurve und der quasi-statisch ermittelten Zugverfestigungskurve für das unverstärkte Material (links) und für den Verbund (rechts) im Wärmebehandlungszustand T6.

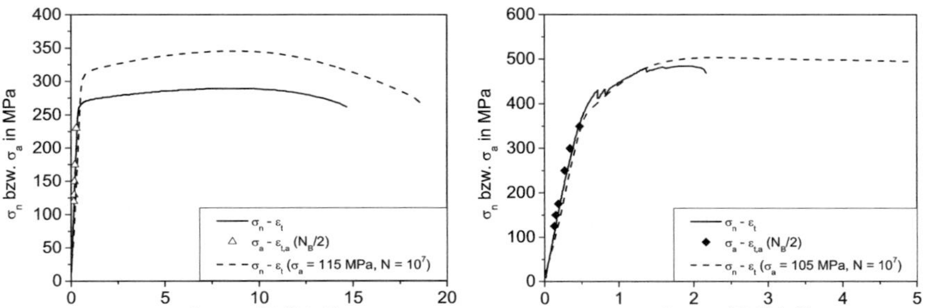

Abbildung 5.82: Vergleich der zyklischen Spannungs-Dehnungs-Kurve mit der quasi-statisch ermittelten Kurve für das unverstärkte Material (links) und den Verbund (rechts) im Wärmebehandlungszustand T6

Zusätzlich sind für beide Materialien die quasi-statisch ermittelten Zugverfestigungskurven von Durchläuferproben eingetragen. Aussagen über die Schädigung durch Einschnürung werden aufgrund der unterschiedlichen Messlängen der Proben nicht getroffen.
Da die zyklischen Versuche sowohl an unverstärkten als auch an verstärkten Proben im Wärmebehandlungszustand T6 – im Gegensatz zum Wärmebehandlungszustand T4 (F) – im linear elastischen Bereich durchgeführt wurden, erklärt dies die bei den Wechselverformungskurven ersichtliche, geringe Verfestigung. Damit geht der im Vergleich zum T4 (F)-Zustand fehlende Bauschinger-Effekt sowie der ausbleibende Totalmitteldehnungsaufbau einher. Im Gegensatz zum T4 (F)-Zustand liegen beim verstärkten und unverstärkten Material im Wärmebehandlungszustand T6, bedingt durch das kleinere Verfestigungspotenzial dieses Zustands, viel kleinere $R_{W/10^7}/R_{p0,2}$-Verhältnisse vor.

Dadurch, dass die T6-Wärmebehandlung nicht auf Profilebene, sondern an Proben erfolgte, sind die in Bezug auf das unverstärkte Material schlechteren zyklischen Eigenschaften vermutlich auf die nach der Wärmebehandlung vorliegenden Eigenspannungen zurückzuführen. Es zeigte sich, dass sich bei den verstärkten wärmebehandelten Proben, bedingt durch eine leichte Asymmetrie der Verstärkungselementlage, ein Verzug der Proben einstellt. Die resultierende Biegekomponente führt vermutlich zu einer reduzierten zyklischen Lebensdauer.
Abbildung 5.83 zeigt den Vergleich der Totaldehnungswöhlerkurven zwischen dem unverstärkten Material und dem Verbund im Wärmebehandlungszustand T6.
Dabei lässt sich eine schlechte Übereinstimmung der jeweiligen Lebensdauer verstärkter und unverstärkter Proben anhand der Ausgleichsgeraden für die sich einstellenden Totaldehnungsamplituden konstatieren. Dies liefert eine Erklärung warum das in dieser Arbeit aufgestellte Lebensdauermodell keine Übereinstimmung mit der experimentell bestimmten Lebensdauer des T6-Verbundes zeigte.

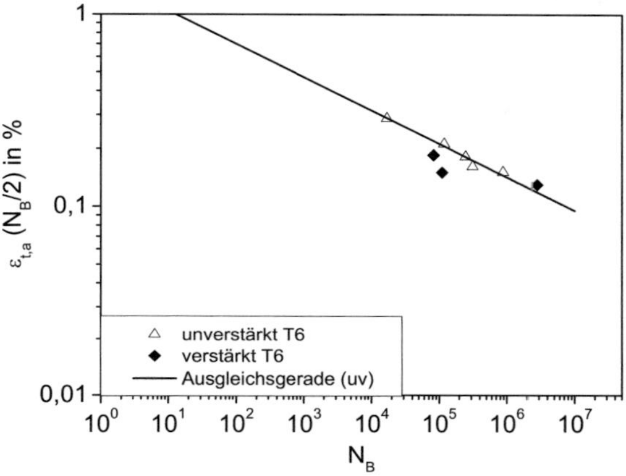

Abbildung 5.83: Dehnungswöhlerkurven für das unverstärkte Material und den Verbund im Wärmebehandlungszustand T6

Es bleibt festzuhalten, dass das vorgestellte Lebensdauermodell, ausgedrückt durch Gleichung 5.9, in den in [Wei06c] [Wei07] angegebenen Werten am Verbundsystem EN AW-6060-T4 (F) + 1.4310 sowie an den in [Hen11] [Mer11a] angegebenen Werten für das Verbundsystem AZ31 + 1.4310 erfolgreich Anwendung findet, siehe Abbildung 5.84.

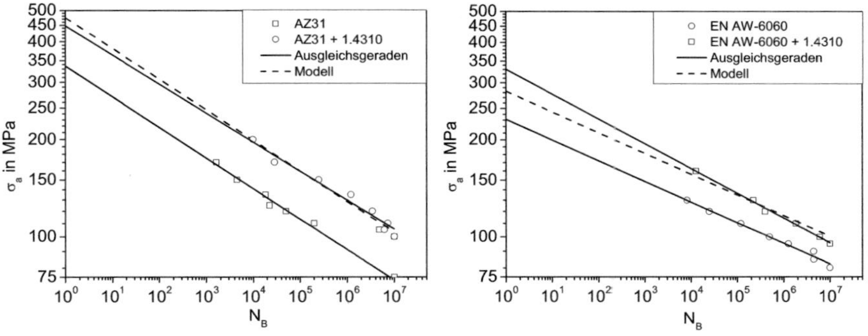

Abbildung 5.84: Anwendung des Lebensdauermodells auf die Verbundsysteme AZ31 + 1.4310 (links) [Mer11a] und EN AW-6060-T4 + 1.4310 [Wei06c] [Wei07] (rechts)

Bereich III: Risswachstum innerhalb des Matrixmaterials

Der Beginn des Bereiches III wird durch einen Anstieg um ca. 3-5 % des Schädigungsparameters D (vgl. Abbildung 5.61) eingeleitet. Dabei konnte bereits durch [Mer10] bestätigt werden, dass der nichtlineare Anstieg von D bzw. der Abfall der Entlastungssteifigkeit empfindlicher für Risswachstum als eine Zunahme der plastischen Dehnungsamplitude ist.

Des Weiteren zeigen die Hysteresen ein Abknicken, wobei die ermittelten Steigungen sowohl bei Belastung als auch bei Entlastung für den Zyklus der Schädigungsdetektion ($N_{Schädigung}/N_B = 79{,}7$ %, vgl. Tabelle 5.6) nahezu der Verbundsteifigkeit entsprechen (vgl. Abschnitt 5.2.2). Die bei Matrixbruch ermittelte Zugentlastungssteifigkeit S^{+}_{entl} liegt bei ca. 17 GPa, entsprechend einer Verstärkungselementsteifigkeit – unter Vernachlässigung des Matrixterms in Gleichung 2.3 – von ca. 153 GPa. Zudem zeigt die Steifigkeit bei Druckbelastung S^{-}_{bel} kleinere Werte als bei Entlastung im Druck S^{-}_{entl}. Somit kann vor Matrixbruch vollständiges Rissschließen konstatiert werden.

[Wal94] führte Untersuchungen an faserverstärkten Metall-Matrix-Verbunden mit gebrochener Matrix durch. Die dabei beschriebenen Beobachtungen belegen, dass das mit zunehmender Zyklenzahl fortschreitende Abknicken der Hysteresen auf die Grenzflächendelamination zurückzuführen ist.

Darauf aufbauend zeigt Abbildung 5.85 den Vergleich des Modells für Rissöffnen und -schließen von [McM90] (vgl. Gleichung 2.16 und Gleichung 2.15) mit dem experimentell, unmittelbar nach Matrixbruch ermittelten Verformungsverhalten einer bei einer Spannungsamplitude von 175 MPa belasteten T4 (F)-Verbundprobe. Dabei ist darauf zu achten, dass das einsetzende Rissöffnen sowie -schließen durch Bestimmung der Druckentlastungssteifigkeit S^{-}_{entl} ermittelt wurde und das Modell ab diesen Spannungswerten appliziert wurde. Um die Vergleichbarkeit zu gewährleisten, sind die Rissöffnung δ sowie die Totaldehnung ε_t normiert aufgetragen. Dabei kennzeichnet 1 vollständiges Rissöffnen und 0 vollständiges Rissschließen.

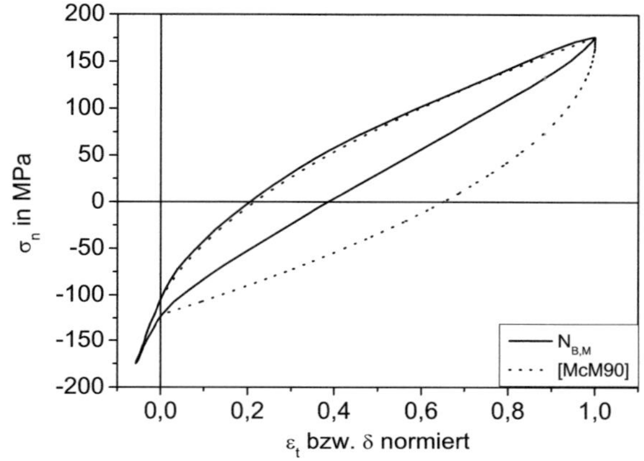

Abbildung 5.85: Vergleich des Modellverhaltens für das Rissöffnen/-schließen mit dem experimentell ermittelten Verformungsverhalten nach Matrixbruch (σ_a = 175 MPa) für den T4 (F)-Zustand

Für das Rissöffnen ist zunächst festzuhalten, dass dieses lediglich im Spannungsbereich von ca. 25 MPa bis 75 MPa leicht überschätzt wird. Dies kann ebenso für den Bereich nahe dem oberen Umkehrpunkt bestätigt werden. Für das Entlasten zeigt sich, dass die Öffnung bis zum vollständigen Rissschließen überschätzt wird. Allgemein kann jedoch festgehalten werden, dass das von [McM90] vorgestellte Modell das Verformungsverhalten des verstärkten Materials während des Rissöffnens sehr gut beschreibt. Eine Modifikation der in Abschnitt 2.3.5 beschriebenen Untersuchungen erfolgte durch [Wal94] mittels einer Implementierung der sich mit zunehmender Zyklenzahl und fortschreitender Degradation (Delamination) verringernden Festigkeit der Grenzfläche. Da der Bereich III allerdings bereits vor Matrixbruch eine Degradation der Grenzfläche beinhaltet (siehe Abbildung 5.67), wurde auf eine weitergehende Untersuchung der fortschreitenden Ablösung während der Ermüdung des Verstärkungselementes verzichtet.

Bereich IV: Ermüdung des Verstärkungselementes

Dadurch, dass beim Verbund nach Matrixbruch die Ermüdung des lokal freigelegten Verstärkungselementes erfolgt, fasst Abbildung 5.86 die Mittelwerte der Lastspielzahlen N_{IV} für den Bereich IV zusammen.

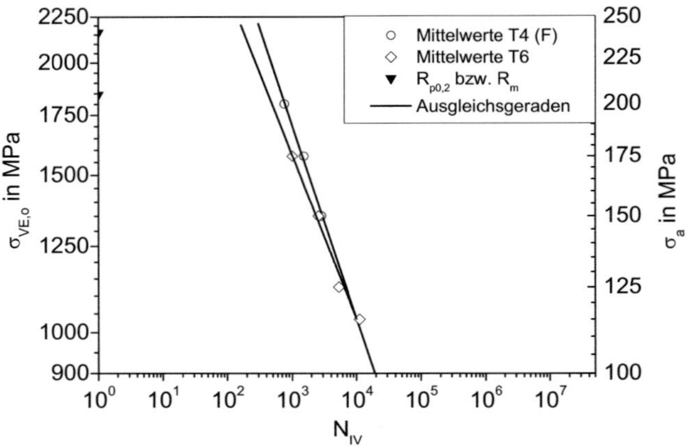

Abbildung 5.86: Wöhlerkurven für das Verstärkungselement

Da das Verstärkungselement vermutlich zugeschwellender Beanspruchung unterliegt und das Lastverhältnis jedoch nicht genau geklärt werden konnte (vgl. Hysteresen in Abbildung 5.57) ist die Verstärkungselementoberspannung $\sigma_{VE,O}$ im Vergleich zur Verbundspannungsamplitude σ_a angegeben, die sich mithilfe von Gleichung 2.3 unter Vernachlässigung des Matrixterms berechnet. Dabei ist die relativ gute Übereinstimmung der jeweiligen Lebensdauer des Verstärkungselementes aus dem T4 (F)-Verbund und dem T6-Verbund augenscheinlich.

Nach [Sur06] und [Rad07] kann die Wechselfestigkeit von Stählen mit einer Zugfestigkeit größer 1400 MPa auf ca. 700 MPa abgeschätzt werden. Da die in Abschnitt 5.4.2 gezeigten Hysteresen keine direkte Aussage auf das Spannungsverhältnis nach Matrixbruch zulassen, entfällt an dieser Stelle die Abschätzung der Dauerfestigkeit für das Verstärkungselement. Die Begründung für die Ableseschwierigkeit zur Bestimmung des Spannungsverhältnisses nach Matrixbruch liegt vermutlich in der Überbrückungswirkung des Verstärkungselementes. Dabei konzentriert sich die Spannung und somit die Dehnung auf den Rissbereich der Matrix.

Außerdem bleibt festzuhalten, dass sich bei Lasthorizonten $\sigma_a > 250$ MPa ein anderes Schädigungsbild für den T6-Verbund ergab. Dabei lässt sich die höhere Lebensdauer (vgl. Abbildung 5.53) vermutlich auf Verfestigungsprozesse innerhalb des Verstärkungselementes während des Risswachstums innerhalb des Matrixmaterials erklären. Nach Bruch des Matrixmaterials erhöht sich die Spannung schlagartig auf Werte nahe der Zugfestigkeit des Verstärkungselementes (vgl. Abbildung 5.86 und Tabelle 5.2) und es kommt zum Gewaltbruch der Probe (vgl. Abbildung 5.70).

Anwendung der Schallemissionsanalyse

Trotz der bei Ermüdungsversuchen auftretenden Störgeräusche, die bereits detailliert in [Ree09] [Rie09] untersucht wurden, konnte erfolgreich gezeigt werden, dass die Anwendung der Schallemissionsanalyse zur qualitativen Detektion der unterschiedlichen Verformungs- und Schädigungsmechanismen unverstärkter Proben und Verbundproben herangezogen werden kann.

Dabei konnten sowohl für unverstärkte als auch für verstärkte Proben die während der Verfestigung, **Bereich I**, detektierten Schallemissionen durch den RMS-Wert qualifiziert werden.

Analog zu den in Abschnitt 5.2.4 getätigten Überlegungen sind die durch die Versetzungsverfestigung bedingten reduzierten Laufwege der Versetzungen vermutlich der Grund für die Abnahme des RMS-Wertes [Hei87a]. Des Weiteren ist eine vergleichbare Empfindlichkeit bezüglich der Verfestigungsregistrierung für die Schallemissionsanalyse und der Dehnungsmessung zu konstatieren. Dagegen scheint der Verlauf der kumulierten Counts innerhalb des Bereiches I nahezu unbeeinflusst von der Verfestigung zu sein. Demgegenüber zeigen die in [Fan94] durchgeführten Untersuchungen eine Zunahme der Schwellenwertüberschreitungen in Bereich I (vgl. Abbildung 2.14).

Das Einsetzen der Schädigung innerhalb des Matrixmaterials, **Bereich III**, konnte die Schädigungsinitiierung sowohl durch den Anstieg der Schwellenwertüberschreitung als auch durch eine Verdichtung der Signale als Indiz herangezogen werden (vgl. Abbildung 5.74 (rechts)). Die in [Fan94] dargestellte konstante Zunahme der Schwellenwertüberschreitungen aufgrund der Mikrorissinitiierung in Bereich II konnte dagegen nicht beobachtet werden. Damit kann lediglich eine Übereinstimmung mit dem Makrorisswachstum in Bereich III im Vergleich zu [Fan94] festgestellt werden. Dabei ist festzuhalten, dass weitere detaillierte Untersuchungen nötig sind, um die unterschiedlichen Einflüsse und Parameter den Schallemissionen zuzuordnen. Dazu zählen unter anderem das Spannungsverhältnis, einhergehend mit Rissschließeffekten, der Versuchsfrequenz und der damit eventuell erforderlichen Störgeräuschunterdrückung.

Zudem stellt die Schallemissionsanalyse analog zur Dehnungsmessung ein integrales Messverfahren dar. Dabei charakterisieren die jeweiligen Schädigungskennwerte die kumulierte Schädigung innerhalb der Versuchslänge, sodass Aussagen bezüglich des

Primärrisswachstums aufgrund der Mehrfachrissinitiierung nicht getroffen werden können. Zudem liegt die Schwierigkeit, quantitative Aussagen über die Schallemission für die automatisierte Schädigungsdetektion zu treffen, insbesondere an der Reproduzierbarkeit des Messverfahrens, was durch unterschiedliche Faktoren wie unter anderem Wahl der Sensoren, Ankopplung dieser an die Probe, Wahl der einzustellenden Parameter und Hintergrundgeräusche erschwert wird.

Dies liefert neben den auftretenden Reflexionen der Schallsignale an Übergängen und Grenzflächen eine Erklärung für die Streuung der georteten Schallsignale. Wie bereits bei den Untersuchungen unter Zugbeanspruchung, siehe Abschnitt 5.2.3, festgestellt wurde, führen die Ergebnisse hinsichtlich der in-situ-Lokalisierung der Schädigung zu keiner verlässlichen Aussage. Dagegen zeigt die ex-post-Lokalisierung der Schädigung eine gute Übereinstimmung mit der realen Bruchstelle.

Um einen genaueren Eindruck über die Empfindlichkeiten beider Messverfahren zu erhalten und die Reproduzierbarkeit der Ergebnisse zu untersuchen, wurden alle auswertbaren Versuche auf den Zeitpunkt der Schädigungsdetektion und den Zeitpunkt der Matrixbruchdetektion untersucht. Anschließend wurde mit den so ermittelten Werten für jedes Messverfahren ein Wöhlerdiagramm ermittelt. Abbildung 5.87 stellt die ermittelten Wöhlerkurven für die Zeitpunkte der Schädigungsdetektion (links) und des Matrixbruchs (rechts) am verstärkten T4 (F)-Material dar.

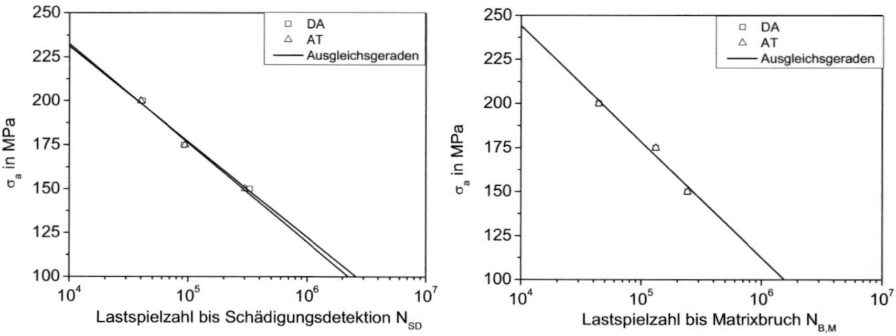

Abbildung 5.87: Vergleiche der Wöhlerkurven für die Detektion der Schädigung (links) und des Matrixbruchs (rechts) mittels Dehnungsaufnehmer (DA) und Schallemission (AT) an T4 (F)-Verbundproben

Beide Diagramme unterstreichen die vergleichbare Empfindlichkeit beider Verfahren durch sehr eng beieinander liegende Ausgleichsgeraden.
Da bei Versuchsende keine weiteren Schallemissionssignale detektiert werden und dies der Bruchlastspielzahl entspricht, wird hier auf die Darstellung des Vergleichs verzichtet.
Weitergehende Analysen bezüglich der während Delaminationsvorgängen in Verbundwerkstoffen auftretenden Schallemissionen wurden von [Sau10] durchgeführt, der dazu auf Frequenzanalysen basierende Mustererkennungsverfahren und Daten-Clustering heranzieht.

5.5 Zyklische Rissausbreitungsversuche

Die bisher gezeigten Ergebnisse bezüglich des quasi-statischen Verhaltens sowohl unter Zug- und Druckbeanspruchung als auch unter Ermüdungsbeanspruchung erfolgten auf Probenebene. Die innerhalb dieses Abschnitts vorgestellten Ergebnisse hinsichtlich des zyklischen Rissausbreitungsverhaltens beziehen sich dabei auf 40 x 10 mm^2-Profile mit vier Verstärkungselementen bei einem Verstärkungsgehalt von $V_{VE} = 0{,}79$ Vol.-% im Vergleich zu unverstärkten Profilen.

5.5.1 Kalibrierung der Risslängenmessung mittels Potenzialsonde

Durch Voruntersuchungen hinsichtlich der Potenzialsondenkalibrierung an unverstärkten Profilen ergab sich folgende Beziehung zwischen Potenzialsondenspannung V und der Rissverlängerung $2a_i$ [Wal10]:

$$2a_i[\mathrm{mm}] = 0{,}029 + 35{,}468 \cdot \mathrm{U}\,[\mathrm{V}]^{0{,}527}$$ **Gleichung 5.11**

Die an unverstärkten Profilen durchgeführte Kalibrierung sowie die Regression der ermittelten Werte nach Gleichung 5.11 sind in Abbildung 5.88 eingetragen.
Zusätzlich zu den Werten für die unverstärkten Profile zeigt Abbildung 5.88 die Werte für verstärkte Profile, die nach dem Anschwingvorgang metallographisch bestimmt wurden. Dabei kann lediglich ein geringfügiger Unterschied der Kalibrierkurve für das verstärkte Material konstatiert werden.
Die gesamte Risslänge 2a setzt sich additiv aus der Rissverlängerung $2a_i$ nach Gleichung 5.11 und der Kerblänge (5,25 mm vgl. Abschnitt 3.2.5) zusammen. Da in

[Ast05] symmetrisches Risswachstum innerhalb der M(T)-Proben vorausgesetzt wird, soll fortan lediglich die halbe Risslänge a betrachtet werden.

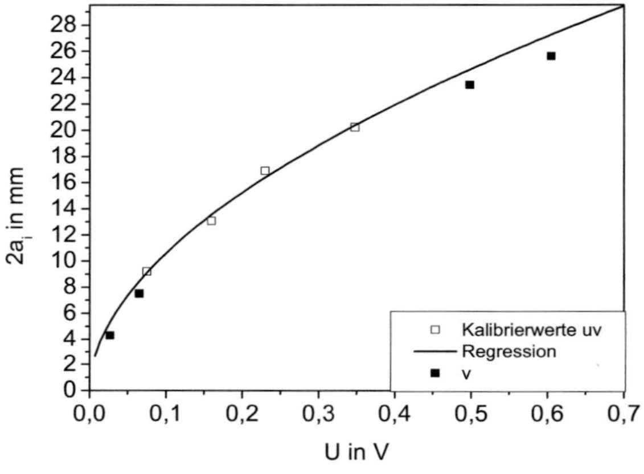

Abbildung 5.88: Kalibrierkurve der Potenzialsondenmessung

5.5.2 Ergebnisse zum Rissausbreitungsverhalten

Abbildung 5.89 stellt exemplarische Risslängenverläufe nach dem Anschwingen für das unverstärkte sowie für das verstärkte Profil dar. Dabei wurde die Anschwinglänge vor Versuchsbeginn auf a ≈ 9,8 mm festgelegt.

Im Falle verstärkter Profile erfolgte bereits während des Anschwingvorgangs ein Passieren des inneren Verstärkungselementes. Grundlegend feststellbar ist die bei gleicher Ausgangslänge verzögerte Rissausbreitung für das Verbundprofil.

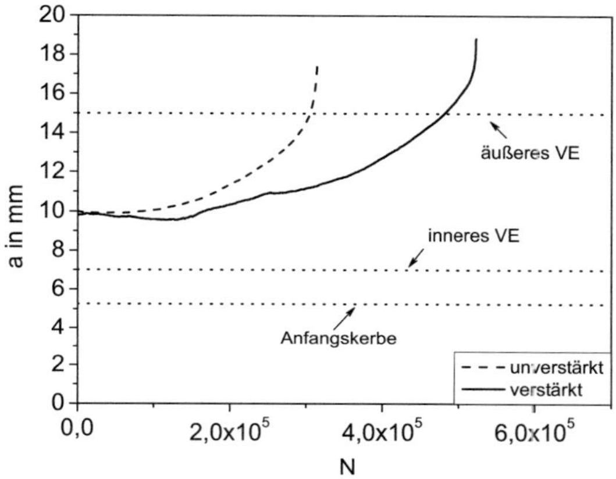

Abbildung 5.89: Exemplarische Risslängenverläufe für das unverstärkte Profil und das Verbundprofil (R = 0,18, σ_m = 13,75 MPa, σ_a = 9,5 MPa)

Um die Rissausbreitungsrate, ausgehend von den in Abbildung 5.89 gezeigten Ergebnissen, durch den Rissfortschritt da/dN und die Schwingbreite des Spannungsintensitätsfaktors ΔK_I zu ermitteln, zeigt Abbildung 5.90 exemplarische Rissausbreitungsdiagramme für das unverstärkte (links) sowie für das verstärkte Profil (rechts). Dadurch, dass nach [Ast05] keine Aussagen bezüglich der Schwingbreite des Schwellenwertes $\Delta K_{I,th}$ zu treffen sind und eine Quantifizierung der Schwingbreite des kritischen Spannungsintensitätsfaktors ΔK_{Ic} aufgrund der Versuchsführung bzw. der Steifigkeitsverlust-bedingten Abschaltung der Versuche (vgl. Abschnitt 4.3) ausbleibt, wird im Folgenden ausschließlich auf das stabile Rissausbreitungsverhalten eingegangen.

Abbildung 5.90 (links) zeigt neben den experimentell ermittelten Werten für das unverstärkte Profil die Ausgleichsgerade, deren Steigung durch Anwendung der Paris-Beziehung m ≈ 6 beträgt.

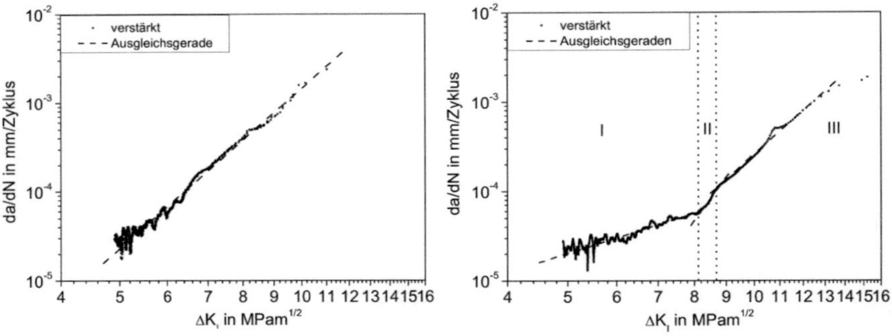

Abbildung 5.90: Exemplarische Rissausbreitungsdiagramme für das unverstärkte Profil (links) und das Verbundprofil (rechts) (R = 0,18, σ_m = 13,75 MPa, σ_a = 9,5 MPa)

Abbildung 5.90 (rechts) stellt die drei Bereiche unterschiedlicher Rissausbreitungsraten des verstärkten Profils dar. Da durch den Anschwingvorgang das innere Verstärkungselement bereits passiert wurde (vgl. auch Abbildung 5.89), beschreibt Bereich I das Rissausbreitungsverhalten zwischen den Verstärkungselementen innerhalb des Matrixmaterials. Hier stellt sich für die in Bereich I ermittelte Steigung ein Wert von $m \approx 2{,}2$ ein.

Der Beginn des Bereiches II (bei $\Delta K_I \approx 8{,}1$ MPa$\sqrt{m}$, entsprechend einer halben Risslänge von $a \approx 16{,}35$ mm, nahe am äußeren Verstärkungselement) zeigt einen steilen Anstieg der Rissausbreitungsrate mit einer Steigung von $m \approx 9{,}5$. Nach einer Rissverlängerung von $\Delta a \approx 0{,}6$ mm erfolgt innerhalb des Bereiches III eine Abflachung der Kurve mit einer Steigung von $m \approx 6{,}2$.

5.5.3 Metallographische und fraktographische Untersuchungen

Da das Versuchsende durch automatisches Abschalten der Prüfmaschine regelungstechnisch aufgrund des abrupten Steifigkeitsabfalls erfolgt, wurden die Profile nach Versuchsende quasi-statisch auseinandergerissen, um die fraktographischen Untersuchungen durchführen zu können.

Abbildung 5.91 (oben) zeigt exemplarisch die Bruchfläche eines unverstärkten und Abbildung 5.91 (unten) die eines verstärkten Profils, dessen vier Verstärkungselemente bei Versuchsende der Rissausbreitungsuntersuchungen noch intakt waren.

Abbildung 5.91 (oben) stellt das Risswachstum während des Anschwingvorgangs ausgehend von der Anfangskerbe (a) dar. Beim Vergleich der beiden Anrisse rechts und links der Anfangskerbe (a/2 + b = 9,7 mm) zeigt sich nahezu symmetrisches Risswachstum. Das Ermüdungsrisswachstum (c) verdeutlicht dagegen ein Voreilen des Risses auf der linken Seite um $\Delta a \approx 1{,}2$ mm. Der Gewaltbruch ist als (d) und die Lage der Längspressnaht als (e) gekennzeichnet.

Abbildung 5.91 (unten) zeigt das Risswachstum innerhalb des Verbundprofils, wobei die Einschnürung der Verstärkungselemente aus dem Gewaltbruch des Profils nach Versuchsende resultiert. Neben dem symmetrischen Risswachstum während des Anschwingens ist zudem das Passieren der inneren Verstärkungselemente augenscheinlich. Des Weiteren zeigen die Rastlinien eine inhomogene Rissfrontkrümmung in der Nähe der Verstärkungselemente.

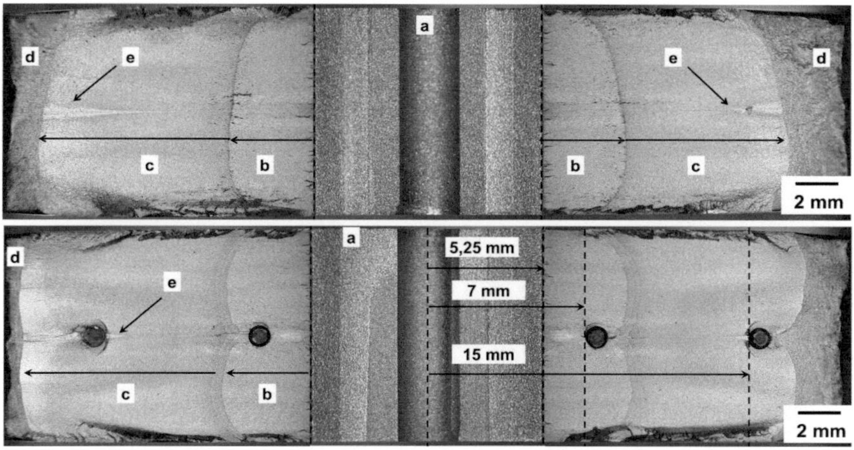

Abbildung 5.91: Fraktographische Untersuchungen am unverstärkten (oben) und am verstärkten Profil (unten) nach Auseinanderreißen der Profile bei Versuchsende

Dabei zeigt sich beim Ermüdungsrisswachstum ein Voreilen des Risses auf der linken Profilseite um $\Delta a \approx 1{,}9$ mm im Vergleich zur rechten Seite.

Allgemein kann festgestellt werden, dass sich innerhalb des unverstärkten Bereiches ein Voreilen der Rissfront im Vergleich zur Rissfront nahe den Verstärkungselementen ergibt.

Um detailliertere Aussagen über das Rissausbreitungsverhalten in der Nähe der Verstärkungselemente treffen zu können, zeigt Abbildung 5.92 (oben) einen Längsschliff durch die Mitte eines Verbundprofils nach Versuchsende. Dabei ist ein sehr ausgeprägt asymmetrisches Risswachstum zu konstatieren. Zudem sind besonders das Passieren des äußeren Verstärkungselementes auf der linken Seite sowie die signifikante Einschnürung der Profilaußenfläche augenscheinlich.

Auf der linken Seite ist ebenfalls eine Rissüberbrückung durch die Verstärkungselemente zu verzeichnen.

Die Vergrößerung der rechten Seite (A) lässt die Rissableitung sowie die Delamination der Grenzfläche (a) erkennen, was ebenfalls bei den inneren Verstärkungselementen festgestellt werden konnte. Über die Delaminationslänge kann hier keine Aussage getroffen werden.

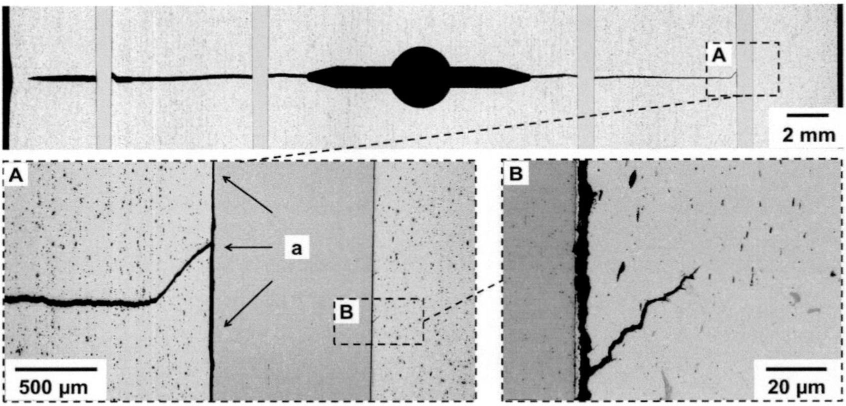

Abbildung 5.92: Längsschliff des verstärkten Profils nach Versuchsende (oben) und Detailaufnahmen der Grenzfläche (unten)

Die Vergrößerung (B) stellt das Risswachstum unter 45° zur Belastungsrichtung in anderer Ebene innerhalb des Matrixmaterials nach Passieren des Verstärkungselementes dar.

Dabei kann geschlussfolgert werden, dass das normalspannungskontrollierte Risswachstum innerhalb des Matrixmaterials stattfindet und bei Passieren der Verstärkungselemente eine zusätzliche Delamination der Grenzfläche in Belastungsrichtung erfolgt [Wal10].

5.5.4 Anwendung der Schallemissionsanalyse

Abbildung 5.93 zeigt den Vergleich der Risslängenzunahme und der kumulierten Schwellenwertüberschreitungen für das unverstärkte (links) und das verstärkte Material (rechts) nach dem Anschwingvorgang. Sowohl für das unverstärkte als auch für das verstärkte Profil ist zu Beginn der Versuche eine relativ geringe Schallemissionsaktivität zu verzeichnen. Ein erster markanter Anstieg der kumulierten Counts ist ab einer signifikanten Risslängenzunahme zu erkennen. Für beide Werkstoffsysteme ist ein Anstieg der kumulierten Counts mit zunehmender Risslänge augenscheinlich.

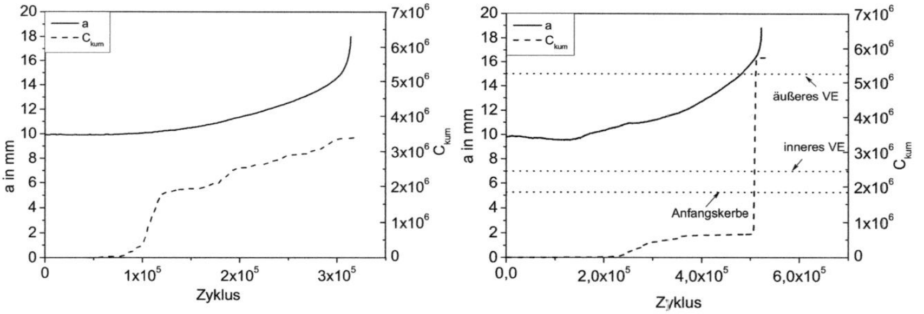

Abbildung 5.93: Vergleich der Risslängenzunahme über der Lebensdauer für das unverstärkte Profil (links) und das Verbundprofil (rechts)

Für das in Abbildung 5.93 (rechts) dargestellte verstärkte Material zeigt sich beim Passieren des äußeren Verstärkungselementes (a = 15-16 mm) ein steiler Anstieg der kumulierten Schwellenwertüberschreitungen.
Zur Klärung der auftretenden Schallemissionen zeigt Abbildung 5.94 die Verteilung der auftretenden Signale über der Beanspruchung eines unverstärkten Profils.

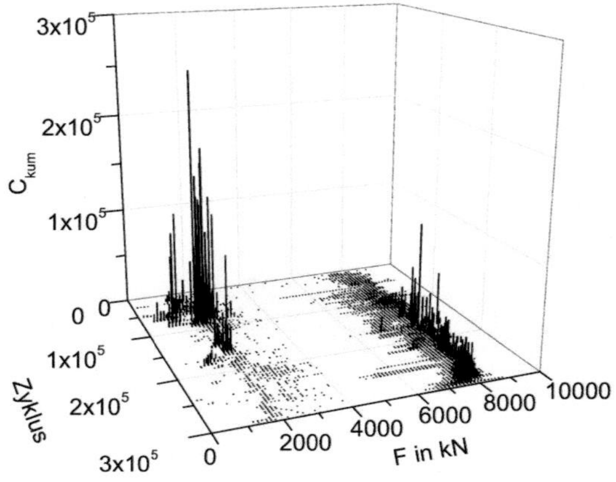

Abbildung 5.94: Verteilung der kumulierten Schwellenwertüberschreitungen gegen die Kraft und Zyklenzahl für das unverstärkte Material

Dabei ist das Auftreten von Schallemissionen im unteren Kraftbereich zu Beginn des Versuchs ersichtlich. Zudem ist die hohe Dichte an detektierten Schallemissionen mit zunehmender Zyklenzahl im oberen Kraftbereich erkennbar.

Da die Untersuchungen bezüglich der Schädigungsortung keine aussagekräftigen Ergebnisse lieferten, wird auf die Darstellung verzichtet [Wal10].

5.5.5 Diskussion

Zusammenfassend kann festgestellt werden, dass die unverstärkten Profile ein leicht verändertes Rissausbreitungsverhalten im Vergleich zu den von [Bor04] [Bor10] angestellten Untersuchungen unter normalspannungskontrolliertem Makrorisswachstum (Mode I) an EN AW-6082-T6 an Middle-Tension M(T)-Proben [Ast05] bei einem Lastverhältnis von R = 0 vorweisen. Die dazu im Vergleich zu kleineren ΔK_I-Werten verschobene stabile Rissausbreitungskurve liegt vermutlich im unterschiedlichen Spannungsverhältnis begründet. Des Weiteren konnte durch [Bor10] bestätigt werden, dass Veränderungen der Legierungsgehalte von Chrom und Mangan, deren Anteile in dieser Arbeit deutlich geringer ausfallen (vgl. Abschnitt 3.1.1), zu höheren Rissausbreitungsraten führen. Zudem zeigten die Untersuchungen bei einem Lastverhältnis von R = 0,05 an Proben mit niedrigem Anteil von Mangan und Chrom ein Vorherrschen von plastizitätsinduziertem Rissschließen. Demgegenüber führen hohe Anteile von Mangan und Chrom zu rauheitsinduziertem Rissschließen und zu geringeren Risswachstumsraten [Bor10]. Ein weiterer Unterschied besteht darin, dass sich die in [Bor01] [Bor10] durchgeführten Untersuchungen auf im T6-Zustand vorliegendes Material fokussierten.

Die Rissausbreitungsrate unverstärkter Profile steht in guter Korrelation mit den zugschwellenden Untersuchungen an EN AW-6082-T6 [Bor01] (R = 0,05, m = 3,54) [Env98] (R = 0,1, m = 4) [Man07a].

Abbildung 5.95 stellt den Vergleich zwischen unverstärktem Material und dem Verbund dar. Dabei ist der ebenfalls in Abbildung 2.11 an faserverstärktem EN AW-6061 ersichtliche höhere Rissausbreitungswiderstand erkennbar, was an der zu höheren ΔK_I-Werten verschobenen Kurve augenscheinlich ist.

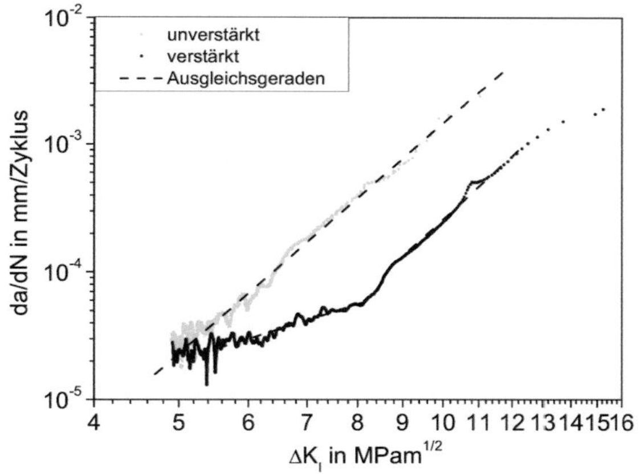

Abbildung 5.95: Vergleich der Rissausbreitung für das unverstärkte Profil und das Verbundprofil (R = 0,18, σ_m = 13,75 MPa, σ_a = 9,5 MPa)

Dabei bleibt festzuhalten, dass sich asymmetrisches Risswachstum, wie Abbildung 5.91 und Abbildung 5.92 belegen, eingestellt hat. Die getätigte Annahme symmetrischen Risswachstums ergibt ebenfalls Abweichungen bezüglich des Interaktionsortes zwischen Riss und Verstärkungselement (Bereich II), was zu einem Verschieben der Rissausbreitungsbereiche führt. Zudem sind keine detaillierten Aussagen bezüglich der Bereichsgröße II bzw. über den Anteil des Verstärkungselementumfangs möglich, da asymmetrisches Risswachstum das Passieren der beiden äußeren Verstärkungselemente zu unterschiedlichen Zeiten miteinschließt und demzufolge eine Überlagerung sowohl zu einer Verstärkung als auch zu einem Ausgleich des Effektes führen kann.

Die Ursache für den Anstieg der Rissausbreitungsrate bei der Interaktion des Verstärkungselementes liegt vermutlich darin begründet, dass im Bereich des Verstärkungselementes weniger Matrixmaterial vorliegt und somit der Riss geringeren Widerstand für die weitere Ausbreitung erfährt.
Ein weiterer Mechanismus erfolgt lokal über die Interaktion der Rissspitze mit dem Verstärkungselement (vgl. Abbildung 5.90), was durch die nacheilende Rissfront innerhalb des Bereiches II (vgl. Abbildung 5.91 (unten)) erkennbar ist. Die lokale Risswachstumsbehinderung erfolgt entsprechend einer Mode II-Ausbreitung des Risses durch dessen Ablenkung (einhergehend mit einem Energieverzehr [Rit99]) entlang der Grenzfläche, was zu einer Delamination führt. Die weitere Rissinitiierung erfolgt ausgehend von der Grenzfläche innerhalb 45° zur Belastungsrichtung. Zudem konnte gezeigt werden, dass die Verstärkungselemente, die trotz Passieren des Risses weiterhin intakt sind, einen Teil der Belastung durch die höhere Steifigkeit über die Grenzfläche aufnehmen. Dieser Bridging-Effekt führt zu kleineren Rissöffnungen [Eva89] [Kai06] und somit zu geringeren Risswachstumsraten.

Allgemein zeigt sich analoges Verhalten bezüglich der Rissausbreitung wie bei den Ermüdungsversuchen (vgl. Abschnitt 5.4) [Mer10]. Dabei kann hier ebenfalls ein Risswachstum innerhalb des Matrixmaterials bis zum Erreichen der Verstärkungselemente festgestellt werden. Parallel zum weiteren Rissfortschritt innerhalb der Matrix und dem Passieren der Verstärkungselemente erfolgt eine Delamination der Grenzfläche zwischen Verstärkungselement und Matrix (K_{II}-Rissausbreitung). Dabei wurde bereits ein Umgehen (aufgrund der vergleichbaren Morphologie von [Hun09] als Orowan-Mechanismus bezeichnet) der Verstärkungselemente in siliziumkarbidverstärktem Titan beobachtet, wobei eine Vereinigung des Risses vor dem Verstärkungselement erfolgte.
Die Rissausbreitung vor den Verstärkungselementen erfolgt durch eine Rissinitiierung an der Grenzfläche, wobei eine Änderung der Rissebene erfolgt.

Die Anwendung der Schallemissionsanalyse hat gezeigt, dass eine vergleichbare Empfindlichkeit gegenüber der Risswachstumsdetektion beider Verfahren (AT und Potenzialsondenmethode) vorliegt. Dabei liegt bezüglich der quantitativen Risslängenbestimmung der Nachteil bei der Schallemissionsanalyse. Außerdem besitzt die hohe Versuchsfrequenz vermutlich einen weiteren negativen Einfluss auf die Ortungsgenauigkeit, sodass die einzelnen Signale nicht als eigenständiger Hit erkannt werden können [Val03].

Aufgrund des leicht asymmetrischen Risswachstums besteht die Möglichkeit, dass nicht nur das Passieren des Verstärkungselementes, sondern auch die Delamination einen Anstieg der kumulierten Counts bewirkt (vgl. Abbildung 5.93). Die in Abbildung 5.94 über der Beanspruchung auftretenden Schallemissionen zeigen, dass Rissschließvorgänge auch bei zugschwellender Beanspruchung zu Schallemissionen führen können.

Diesbezüglich könnten mithilfe des in [Wal10] eigens konstruierten Ansetzwegaufnehmers in Anlehnung an [Bor04] weitergehende Aussagen über das Rissschließen und damit über die effektive Schwingbreite des Spannungsintensitätsfaktors sowie das Bridging getroffen werden [Rad07].

6 Finite-Elemente-Modellbildung und Simulation

Die Modellierung des Push-Out-Versuchs sowie des Zugversuchs erfolgten durch das Programm ABAQUS 6.10 CAE, wobei zur Berechnung der „Standard"-Solver eingesetzt wurde.

6.1 Finite-Elemente-Modellierung

6.1.1 Geometrie

Für die Simulation des Push-Out-Versuchs (vgl. Abschnitt 3.2.1) wurde durch Ausnutzung vorhandener Symmetrien ein achsensymmetrisches Halbschnitt-Modell in Anlehnung an [Cha95] [Poc01] erstellt, siehe Abbildung 6.1. Der Indenter wurde als sphärischer Körper mit unendlicher Steifigkeit (rigid body) modelliert.

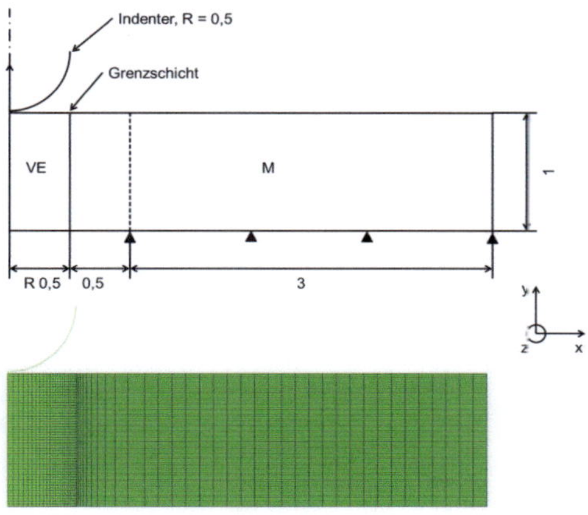

Abbildung 6.1: Modell (oben) und Vernetzung (unten) für den Push-Out-Versuch

Aufgrund des achsensymmetrischen Charakters des Modells ist die Nut als kreisförmige Aussparung modelliert, während sie beim Experiment als durchgängige Längsnut vorliegt (vgl. Abschnitt 4.1.1). Die Auflagefläche mit einer Länge von 3 mm wurde als feste Einspannung ohne translatorische sowie rotatorische Freiheitsgerade modelliert. Die Verschiebung des Indenters erfolgte durch eine Verschiebungsrandbedingung.

Die Vernetzung, siehe Abbildung 6.1 (unten), erfolgte mit einer zur Grenzfläche hin zunehmende Netzfeinheit.

Die Modellierung des quasi-statischen Zugversuchs erfolgte aufgrund der vorhandenen Symmetrien an einem Viertelschnitt einer mit 11,1 Vol.-% verstärkten Probe in Anlehnung an die in Abbildung 3.2 gezeigte Gewindeprobe, siehe Abbildung 6.2.

Als Randbedingung wurde für die Symmetrieachse die Verschiebung in y-Richtung sowie die Rotation um die x- und z-Achse eingeschränkt ($U_y = 0$, $UR_x = UR_z = 0$) [Aba09].

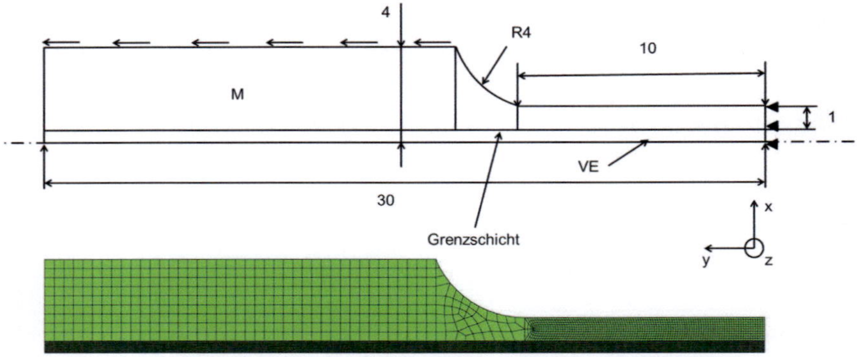

Abbildung 6.2: Modell (oben) und Vernetzung (unten) für den Zugversuch

Die wegkontrollierte Beanspruchung wurde durch eine Verschiebungsrandbedingung auf der Probenaußenseite in positive y-Richtung realisiert.

Die geringe und konstante Elementgröße des Verstärkungselementes ergibt sich aus der Forderung, dass die Elementgröße einer „Master"-Kontaktfläche größere Elemente aufweisen muss als die zugehörige „Slave“-Kontaktfläche [Aba09].

Als Elemente wurden achsensymmetrische vierknotige Rechteckelemente [Cha95] mit reduzierter Integration (CAX4R) verwendet.

Die Dehnungsbestimmung erfolgte aus der Verlängerung der kompletten Messlänge [Mei10].

6.1.2 Werkstoffparameter und Grenzflächenmodellierung

Das Verstärkungselement und die Matrix werden als isotrop und homogen angesehen. Dabei wurden die Materialdaten (technische Spannungs-Dehnungs-Daten) der einzelnen Komponenten aus Abschnitt 5.1 für das Verstärkungselement und für das unverstärkte Material im T4 (F)-Zustand die in Abschnitt 5.2 ermittelten Werte übernommen.

Allgemein kann die Modellierung der Grenzschicht durch eine kohäsive Schicht (bekannter) Dicke ermöglicht werden oder bei Kenntnis der mechanischen Eigenschaften z. B. durch Angabe des Schubmoduls erfolgen [Cha95]. Da diese Parameter Unbekannte darstellen, erfolgte die in dieser Arbeit gewählte einfachere Methode über die Modellierung mit Federn (Spring Layer) als Grenzschicht mit vernachlässigbarer Dicke. Dabei werden Verstärkungselement und Matrix über steife Federn als Oberflächenknoten verbunden [Cha95] [Cha02] [Muk97] [Yua08a] [Yua08b]. Da bei intakter Grenzfläche keine Verschiebung der Komponentenoberfläche zueinander möglich ist, muss die Federsteifigkeit um ein Vielfaches größer sein als der Elastizitätsmodul der Komponenten, wobei zur Vermeidung von Konvergenzschwierigkeiten die Steifigkeitswerte nach oben begrenzt sind. Als Beispiel sei hier erwähnt, dass [Cha95] eine um den Faktor 100 größere Steifigkeit als die des Verstärkungselementes verwendet.

Das für die Modellierung der Grenzfläche angewandte linear-elastische Verschiebungsmodell beinhaltet den Spannungstensor **t**, der sich aus dem Produkt der Verschiebungen δ_{Sim} und der Steifigkeitsmatrix K berechnet, siehe Gleichung 6.1 [Aba09].

$$\mathbf{t} = \begin{Bmatrix} t_n \\ t_s \\ t_t \end{Bmatrix} = \begin{bmatrix} K_{nn} & K_{ns} & K_{nt} \\ K_{ns} & K_{ss} & K_{st} \\ K_{nt} & K_{st} & K_{tt} \end{bmatrix} \cdot \begin{Bmatrix} \delta_n \\ \delta_s \\ \delta_t \end{Bmatrix} = K \cdot \delta_{Sim} \qquad \textbf{Gleichung 6.1}$$

Dabei stehen t_n für die Spannung in Normal(radial)richtung, t_s und t_t für die Komponenten für Schub und Torsion. K_{nn}, K_{ss} und K_{tt} entsprechen den Steifigkeiten für die Normal- und die beiden Schubrichtungen. Da ein einachsiger Spannungszustand vorliegt und keine Schub-Verlängerungs-Kopplung existiert, sind alle Einträge, die nicht auf der Hauptdiagonalen liegen, gleich Null.

Zur Gewährleistung einer noch stabilen Berechnung wurde die Steifigkeit der Grenzfläche mit $K_{nn} = K_{ss} = K_{tt} = 5 \times 10^5$ GPa angenommen.

Allgemein stellt die Grenzflächenhaftung in Radial-Normal-Richtung eine weitere Unbekannte dar. Als Anhaltspunkt setzte [Li95] den Wert für die Grenzflächennormalhaftung dem der Grenzflächenscherfestigkeit gleich, wobei sich eine große Überschätzung der Grenzflächenhaftung ergab [Li95].

Aus diesem Grund wurden für die hier gezeigten Untersuchungen die Werte der Grenzflächenhaftung in Radial-Normal-Richtung weitaus kleiner als die Grenzflächenscherfestigkeit (σ_{deb} = 73 MPa, vgl. Abschnitt 5.1.1) gewählt und zwischen 2 MPa, 3 MPa und 4 MPa variiert, um somit iterativ den Verlauf der experimentell bestimmten Kurve nachzubilden.

Bis zum Eintritt der Schädigungsinitiierung besteht ein linearer Zusammenhang zwischen Spannung und Dehnung. Nach der Schädigungsinitiierung folgt die Schädigungsentwicklung, die die Degradationsrate und -art der Grenzflächensteifigkeit angibt.

Die in dieser Arbeit angewandte Variante für die Berechnung der Schädigungsinitiierung der Grenzfläche, bei der auch die Kombination von Normal- und Scherspannungen berücksichtigt wird, ist das quadratische Spannungskriterium nach Gleichung 6.2 [Li95] [Wis89]:

$$\left\{\frac{t_n}{t_n^0}\right\}^2 + \left\{\frac{t_s}{t_s^0}\right\}^2 + \left\{\frac{t_t}{t_t^0}\right\}^2 = 1 \qquad \textbf{Gleichung 6.2}$$

Für die Schädigungsentwicklung wird die skalare Schädigungsvariable D_{Sim} mit linearer Degression eingeführt. Die Schädigungsinitiierung besitzt dabei den Wert Null. Während der Schädigungsentwicklung steigt dieser Wert stetig von 0 auf 1. Dabei gelten folgende Zusammenhänge für die unterschiedlichen Richtungen:

$$t_n = \begin{cases} (1 - D_{Sim}) \cdot \bar{t}_n, & \bar{t}_n \geq 0 \\ \bar{t}_n, & \text{sonst} \end{cases} \qquad \textbf{Gleichung 6.3}$$

$$t_s = (1 - D_{Sim}) \cdot \bar{t}_s \qquad \textbf{Gleichung 6.4}$$

$$t_t = (1 - D_{Sim}) \cdot \bar{t}_t \qquad \textbf{Gleichung 6.5}$$

Die Vorgabe des Schädigungsverlaufes kann entweder über die maximale Verschiebung δ_{Sim} bis zum totalen Versagen des Kontaktpunktes angegeben werden oder über die maximale Bruchenergie, die beim Versagen des Kontaktpunktes verbraucht wird. Dabei wurde eine Bruchenergie bei Versagen der Grenzschicht mit 2 kJ angenommen.

6.2 Simulation

6.2.1 Push-Out-Versuch

Die Simulation des Push-Out-Versuchs wurde vorrangig zur Verifikation der Grenzflächeneigenschaften, die im Zugversuch benötigt wurden, durchgeführt. Da bezüglich der Normalhaftung zwischen Verstärkungselement und Matrixmaterial nahezu keine Aussagen getroffen werden können, wurden diese in Anlehnung an [Li95] zunächst als gleich mit der Grenzflächenscherfestigkeit angenommen. Diesbezüglich getätigte Untersuchungen zeigten jedoch, dass keine Ablösung zu verzeichnen ist [Mei10], wobei fortan kleinere Werte angenommen und implementiert wurden.
Der Einfluss der Radial-Normalhaftung σ_{rad} auf die Kraft-Eindring-Kurven ist in Abbildung 6.3 dargestellt. Dabei korreliert die Bruchenergie mit der Fläche unter der Kraft-Eindring-Kurve.
Zudem ist ersichtlich, dass die Wahl der Grenzflächennormalspannung lediglich Einfluss auf die Maximalkraft hat, diese jedoch bezüglich der Eindringtiefe beim Kraftmaximum nahezu konstant bleibt (~ 20 µm). Dagegen führt eine Verdopplung der Normalhaftung zu einem Anstieg der Maximalkraft um ca. 13 N. Die Wahl der Grenzflächennormalspannung erfolgte durch Iteration der Berechnung der Zugversuche, sodass für die weiteren Grenzflächenuntersuchungen eine Radial-Normalspannung von $\sigma_{rad} = 2$ MPa festgelegt wurde.

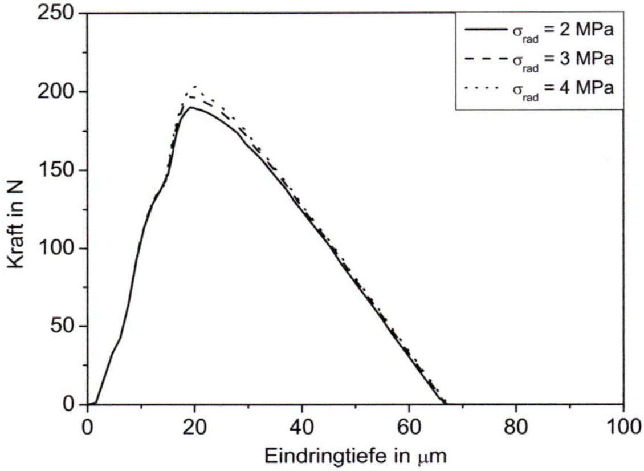

Abbildung 6.3: Einfluss der Radial-Normalspannung auf die Kraft-Eindring-Kurven

Abbildung 6.4 zeigt die sich bei unterschiedlichen Eindringtiefen einstellenden Schubspannungen entlang der Grenzfläche.

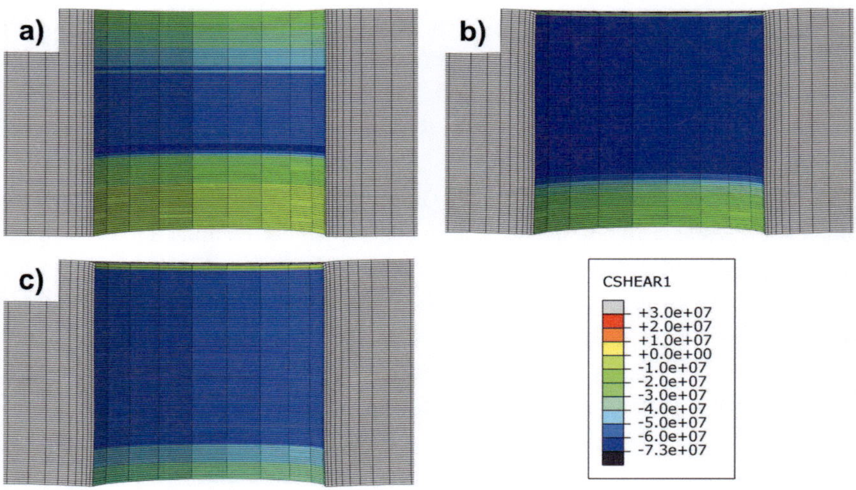

Abbildung 6.4: Verlauf der Schubspannungen (in Pa) in Axialrichtung bei Eindringtiefen von a) 10 μm, b) 20 μm, c) 30 μm (Skalierungsfaktor = 10)

Dabei sind zu Beginn der Versuche, Abbildung 6.4 (a), im Bereich der Lasteinleitung am oberen Probenrand sowie nahe des unteren Probenrandes betragsmäßig relativ niedrige Schubspannungen in Beanspruchungsrichtung zu verzeichnen.
Die größten Schubspannungen liegen dabei im mittleren Probenbereich vor. Bei höheren Eindringtiefen, Abbildung 6.4 (b), zeigt sich eine betragsmäßige Zunahme der Scherspannungen nach oben und nach unten. Bei einer Eindringtiefe von 30 µm liegt dagegen ein relativ homogener schubbeanspruchter Bereich vor.
Auch die im oberen Probenbereich nahe der Grenzfläche sowie am unteren Probenrand sich einstellenden hohen Verformungen des Matrixmaterials sind augenscheinlich.
Abbildung 6.5 stellt die sich sowohl im Verstärkungselement als auch in der Matrix einstellenden Radialspannungen mit zunehmender Eindringtiefe dar. So sind insbesondere im Bereich des Lasteinleitungspunktes hohe Radialdruckspannungen infolge der radialen Ausdehnung des Verstärkungselementes durch die Axialkraft sowie des daraus resultierenden Kraftflusses zwischen Verstärkungselement und Matrixmaterial ersichtlich.

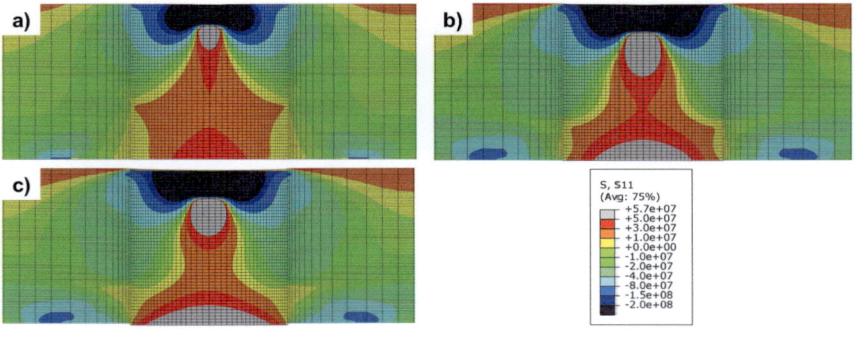

Abbildung 6.5: Verlauf der Radialspannungen (in Pa) bei Eindringtiefen von a) 10 µm, b) 20 µm, c) 30 µm (Skalierungsfaktor = 1)

Des Weiteren sind die sich im unteren Probenrand einstellenden Radialzugspannungen in Grenzflächennähe erkennbar, die aus der Biegebeanspruchung resultieren. Die durch den Kontakt mit der Auflagefläche auftretenden Spannungen sind ebenfalls augenscheinlich, siehe Abbildung 6.5 (b) (c).

Um die Grenzflächenschädigung in Abhängigkeit unterschiedlicher Eindringtiefen zu untersuchen, ist in Abbildung 6.6 der qualitative Schadenszustand der Grenzfläche mittels (cohesive surface damage – CSDMG [Aba09]) dargestellt. Die rot eingefärbten Bereiche stellen dabei die vollständige Delamination (CSDMG = 1) und die blau eingefärbten Bereiche eine vollständig intakte Grenzfläche (CSDMG = 0) dar.

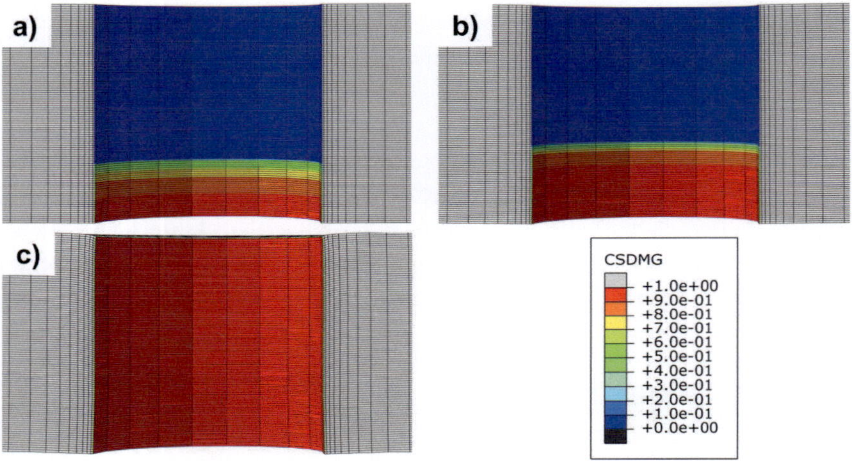

Abbildung 6.6: Qualitativer Verlauf der Grenzflächenschädigung bei Eindringtiefen von a) 10 µm b) 20 µm, c) 30 µm (Skalierungsfaktor = 10)

Es ist zu erkennen, dass die Schädigungsinitiierung der Grenzfläche im unteren Proberand auftritt und die Delamination mit zunehmender Eindringtiefe des Indenters nach oben hin ansteigt. Ab einer Eindringtiefe von 20 µm, Abbildung 6.6 b), ist über ca. 1/3 Probenbreite eine Grenzflächenschädigung eingetreten, wobei ab einer Eindringtiefe von 30 µm bereits eine vollständige Delamination erfolgt [Mei10]. Zudem sind die bereits in Abbildung 6.4 augenscheinlichen hohen Verformungen im oberen Grenzflächenbereich sowie am unteren Probenrand erkennbar.

Somit kann festgehalten werden, dass die durch die Biegebeanspruchung resultierenden radialen Zugspannungen im unteren Probenbereich, siehe Abbildung 6.5, zu einer Delamination der Grenzfläche führen.

6.2.2 Zugversuch

Das simulativ bestimmte Verfestigungsverhalten des Verbundes, ausgehend von den mechanischen Kenndaten der Einzelkomponenten, ist in Abbildung 6.7 dargestellt. Dabei sind die simulativ bestimmten Zugverfestigungskurven bei unterschiedlich vorgegebenen maximalen Radial-Normalhaftungen σ_{rad} der Grenzfläche zum Vergleich aufgeführt.

Bei allen Zugverfestigungskurven ist zunächst ein steiler Anstieg bis ca. 125 MPa zu verzeichnen, wobei anschließend eine Abflachung der Kurve erfolgt.

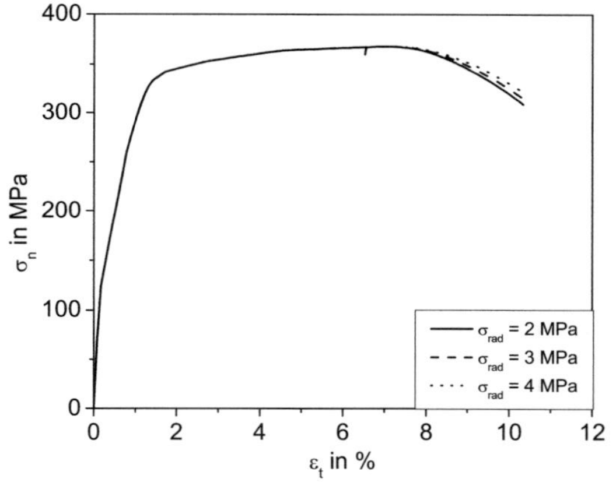

Abbildung 6.7: Simulativ bestimmte Zugverfestigungskurve bei unterschiedlichen Radial-Normalspannungen der Grenzfläche

Der Plateaubereich wird ab einer Totaldehnung von $\varepsilon_t \approx 2$ % erreicht. Bei einer Radial-Normalhaftung von $\sigma_{rad} = 2$ MPa sind kleine Spannungsabfälle bei einer Totaldehnung von $\varepsilon_t = 6{,}5$ % zu verzeichnen, deren Ursache nicht geklärt werden konnte. Ab einer Totaldehnung von $\varepsilon_t \approx 7{,}6$ % erfolgt der Spannungsrückgang, wobei sich hier der Einfluss der Radialhaftung zeigt. Dabei kann ein zunehmend flacher werdender Spannungsrückgang mit höherer Radialhaftung konstatiert werden.

Aufgrund fehlender experimenteller Daten zum Bruchverhalten des Verstärkungselementes wurde die Simulation bei einer Totaldehnung von $\varepsilon_t = 10{,}3$ % abgebrochen.

Im Folgenden wird das simulativ bestimmte Verformungs- und Schädigungsverhalten in Abhängigkeit unterschiedlicher Totaldehnungen bei einer Radial-Normalhaftung von 2 MPa detaillierter analysiert.

Abbildung 6.8 zeigt Viertelschnitte mit der Mises-Spannung als Konturplots bei unterschiedlichen Totaldehnungen. Dabei ist festzuhalten, dass bereits bei einer Totaldehnung von ε_t = 4 % Spannungen von über 2.000 MPa im Verstärkungselement sowie ca. 150 MPa in der Matrix vorliegen.

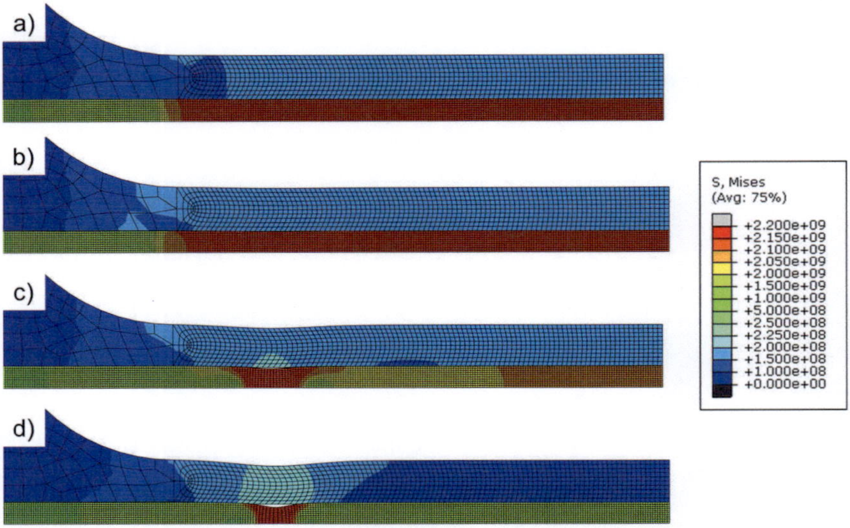

Abbildung 6.8: Simulativ bestimmte Einschnürung bei unterschiedlichen Totaldehnungen ε_t von a) 4 %, b) 7 % c) 9 % d) 10,3 % (Skalierungsfaktor = 1) (Mises-Spannung in Pa)

Ab einer Totaldehnung von ε_t = 6 %, Abbildung 6.8 c), ist eine Spannungskonzentration sowohl innerhalb der Matrix als auch im Verstärkungselement augenscheinlich. Die dadurch verursachte Einschnürung der Matrixinnenfläche und die des Verstärkungselementes führen zu einer Delamination der Grenzfläche. Des Weiteren stellen sich im homogen verformten Bereich der Versuchslänge des Verstärkungselementes und der Matrix geringere Spannungen ein. Zudem ist eine Einschnürung der Matrixaußenseite ersichtlich.

Bei einer Totaldehnung von ε_t = 10,3 % ist eine ausgeprägte beidseitige Einschnürung der Matrix erkennbar. Durch die ebenfalls fortgeschrittene Einschnürung des Verstärkungselementes ist eine Vergrößerung des durch die Delamination verursachten Spalts zwischen Matrix und Verstärkungselement ersichtlich.

Der Kraftfluss zwischen Matrix und Verstärkungselement ist in Abbildung 6.9 durch die axialen Schubspannungen auf der Matrixinnenfläche dargestellt.

Dabei zeigen sich ab einer Totaldehnung von ε_t = 7 %, Abbildung 6.9 b), im Übergangsbereich der Versuchslänge hohe Scherspannungen, die mit zunehmender Verformung abnehmen. Über die restliche Grenzflächenlänge innerhalb der Messlänge liegen nahezu homogene Schubspannungen vor.

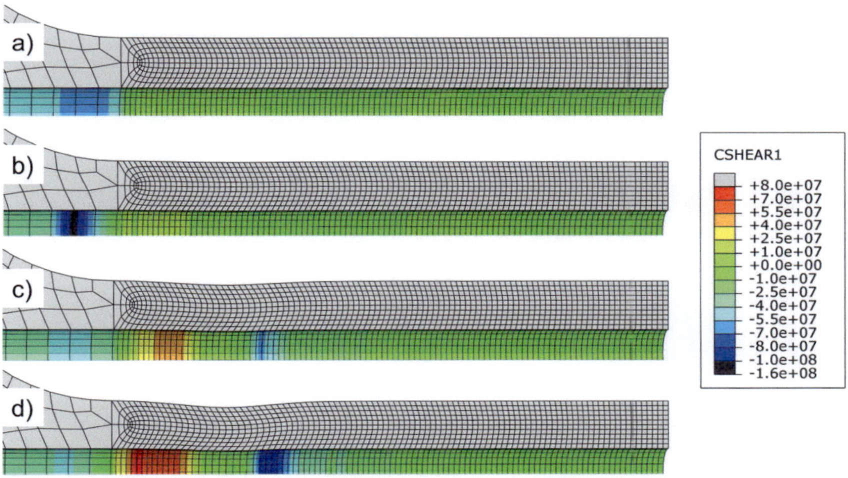

Abbildung 6.9: Simulativ bestimmte Schubspannungen (in Pa) bei unterschiedlichen Totaldehnungen ε_t von a) 4 %, b) 7 % c) 9 % d) 10,3 % (Skalierungsfaktor = 1)

Bei Totaldehnungen ab ε_t = 9 % zeigen sich Spannungskonzentrationen links und rechts der Einschnürung. Dabei erfolgt die Kraftübertragung vom Probenkopf aus von der Matrix in das Verstärkungselement. Im Bereich rechts der Einschnürung verläuft der Kraftfluss aus dem Verstärkungselement in die Matrix.

Abbildung 6.10 stellt die Radialspannungen in der Matrix und im Verstärkungselement bei unterschiedlichen Totaldehnungen dar. Dabei zeigen sich bei einer Dehnung von ε_t = 7 % erhöhte Radialspannungen nahe der Grenzfläche im Übergangsbereich der Versuchslänge. Weitere Spannungskonzentrationen sind im Bereich der Einschnürung zu verzeichnen. Innerhalb der Matrix sowie innerhalb des Verstärkungselementes liegen Zugspannungen vor, wohingegen die Bereiche unmittelbar links und rechts der Verstärkungselementeinschnürung hohe Druckspannungen vorweisen [Mei10].

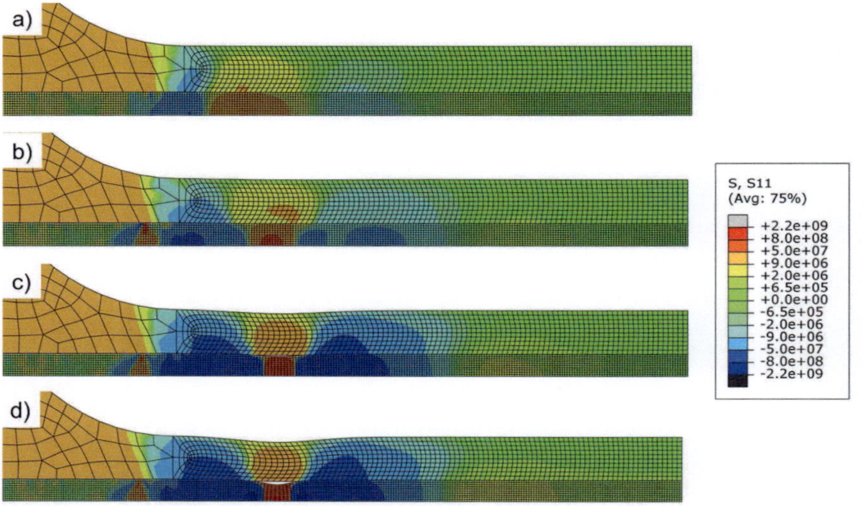

Abbildung 6.10: Simulativ bestimmte Radialspannungen (in Pa) bei unterschiedlichen Totaldehnungen ε_t von a) 4 %, b) 7 % c) 9 % d) 10,3 % Skalierungsfaktor = 1)

6.3 Diskussion

6.3.1 Push-Out-Versuch

Abbildung 6.11 stellt den Vergleich der experimentell ermittelten mit der simulativ bestimmten Kraft-Eindring-Kurve dar. Dabei ist die höhere Anfangssteifigkeit bei Versuchsbeginn der berechneten Kurve ersichtlich. Eine mögliche Ursache stellt dabei die Modellierung der Nut dar, welche in der Simulation als kreisförmige Aussparung realisiert wurde. Diese führt vermutlich zu einer höheren Steifigkeit als die im Experiment vorliegende durchgängige Längsnut.

Da in der Simulation Reibungseffekte nach Kraftabfall vernachlässigt wurden, soll hier kein weitergehender Vergleich zwischen den beiden Kurven ab Erreichen der Maximalkraft erfolgen.

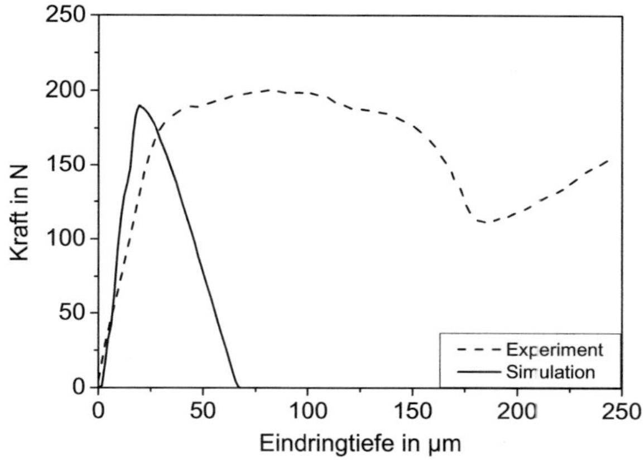

Abbildung 6.11: Vergleich zwischen experimentell und simulativ bestimmter Kraft-Eindring-Kurve

Zum Vergleich des Schädigungsverhaltens zeigt Abbildung 6.12 die simulativ (links) und experimentell (rechts) bestimmte Schädigung. Dabei ist eine vergleichbare plastische Verformung des Matrixmaterials im oberen Grenzflächenbereich augenscheinlich, was durch das Mitziehen des Matrixmaterials gekennzeichnet ist.

Des Weiteren kann eine vergleichbare Delamination im unteren Bereich bei beiden Untersuchungen festgestellt werden. Zudem ist die plastische Verformung des Matrixmaterials sowohl am oberen als auch am unteren Probenrand augenscheinlich.

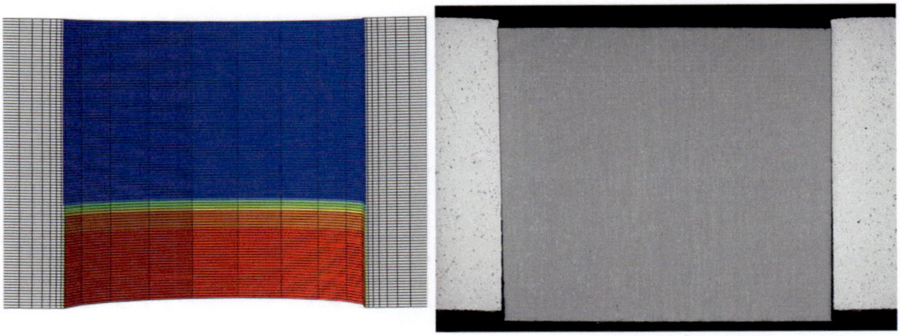

Abbildung 6.12: Vergleich zwischen simulativ (Skalierungsfaktor = 10) und experimentell bestimmter Grenzflächenschädigung

Es konnte gezeigt werden, dass die durch die Biegebeanspruchung resultierenden radialen Zugspannungen im unteren Probenbereich zu einer Delamination der Grenzfläche führen.

6.3.2 Zugversuch

Abbildung 6.13 zeigt den Vergleich zwischen Simulation, Experiment sowie dem in Abschnitt 5.2.4 gezeigten modifizierten Modellverhalten. Es kann festgehalten werden, dass zwischen der berechneten Zugverfestigungskurve und der Modell-Zugverfestigungskurve eine gute Übereinstimmung für die Bereiche I und II besteht. Im Vergleich zur experimentell ermittelten Kurve liegt jedoch eine leichte Überschätzung der Spannungen vor.

Die Simulation zeigt zudem einen gekrümmten Plateaubereich (Bereich III), der trotz der geringeren Spannungen mit dem Experiment vergleichbar ist. Des Weiteren kann der Beginn der Einschnürung durch den einsetzenden Spannungsrückgang sehr gut vorhergesagt werden.

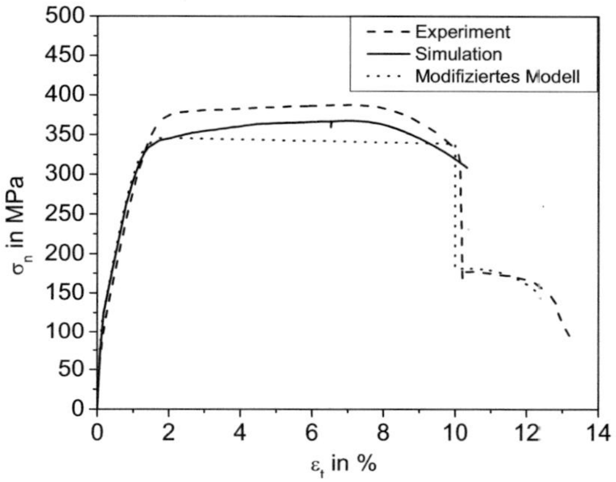

Abbildung 6.13: Vergleich zwischen experimentell und simulativ (σ_{rad} = 2 MPa) bestimmter Zugverfestigungskurve

Tabelle 6.1 stellt die aus allen Verfahren ermittelten mechanischen Kennwerte gegenüber. Dabei zeigt sich insbesondere bei den Steifigkeiten E_I und E_{II} eine gute Übereinstimmung der drei Verfahren.

Tabelle 6.1: Vergleich der mechanischen Kennwerte für den Wärmebehandlungszustand T4 (F)

	E_I in GPa	E_{II} in GPa	$R_{p0,2}$ in MPa	R_m in MPa
Experiment	74	22	146	394
Kelly-Modell	82	24	184	346
Simulation	84	22	176	368

Im Gegensatz zum Experiment zeigen die Vorhersagen eine Überschätzung der 0,2 %-Dehngrenze $R_{p0,2}$ sowie eine konservative Einschätzung der Verbundzugfestigkeit R_m.

Das experimentelle sowie berechnete Schädigungsverhalten ist in Abbildung 6.14 gegenüberstellt. Dabei kann im Gegensatz zum Schliffbild keine Mehrfacheinschnürung des Verstärkungselementes bei der berechneten Schädigung konstatiert werden. Die Ursache für die in Abbildung 6.13 gezeigten hohen errechneten, mit der experimentell ermittelten Kurve vergleichbaren Totaldehnungen konnte an dieser Stelle nicht eindeutig geklärt werden.

Die Einschnürungsstelle ist bei der Simulation näher am Probenübergangsbereich; dennoch ist eine gute Übereinstimmung der Matrixeinschnürung festzustellen.

Weitergehende Untersuchungen durch [Mei10] zeigten, dass der Ort der Einschnürung von der Einspannlänge des Probenkopfes und damit vom Kraftfluss abhängt. So konnte festgestellt werden, dass mit geringerer Einspannlänge, bzw. eine von der Messstrecke entferntere Einspannung zu einer Verschiebung der Einschnürung in Richtung Probenmitte hin führt.

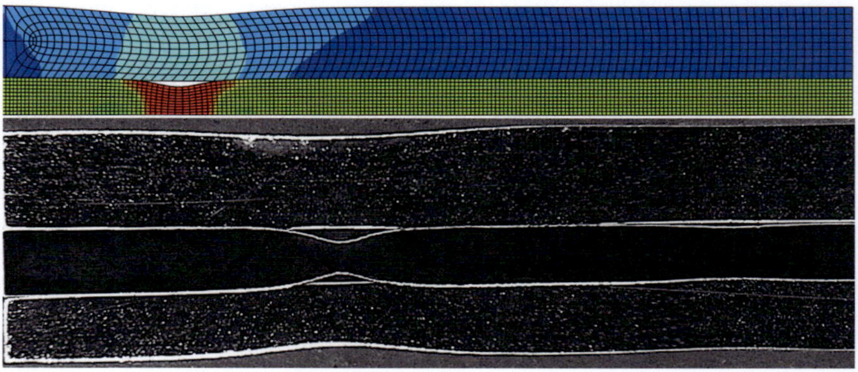

Abbildung 6.14: Vergleich zwischen simulativer und experimenteller Schädigung (oben: Simulation ε_t = 10,3 % Skalierungsfaktor = 1, unten: Schliffbild, ε_t = 9 %)

Das Schädigungsverhalten der T6-wärmebehandelten Verbundproben unterscheidet sich grundlegend von dem im Wärmebehandlungszustand T4 (F) (vgl. Abschnitt 5.1.2). Dabei wird vermutet, dass sich durch die Warmauslagerung eine spröde Phase bildet, die sich bereits bei der qualitativen Grenzflächenuntersuchung (vgl. Abschnitt 5.1) während der Probenpräparation herauslöste.

Die simulativ nachgewiesenen hohen Scherspannungen und Radialspannungen im Probenübergangsbereich (vgl. Abbildung 6.9 und Abbildung 6.10), die sich aufgrund des höherfesten Matrixzustands durch die höheren Zugkräfte einstellen, führen vermutlich lokal zum Versagen der scherspannungsempfindlichen Phase. Dabei wird die maximale Grenzflächenscherfestigkeit überschritten und eine Schädigung erfolgt durch eine Delamination der Grenzfläche und einem nachfolgenden Pull-Out-Effekt (vgl. Abbildung 5.25).

7 Zusammenfassung und Ausblick

Das Ziel dieser Arbeit umfasste Analyse des Verformungsverhaltens und des Schädigungsverhaltens von verbundstranggepressten unverstärktem und federstahldrahtverstärktem EN AW-6082 in den Wärmebehandlungszuständen T4 (F) und T6 unter quasistatischer und zyklischer Beanspruchung.
Nachfolgend wird ein Überblick der wesentlichen Erkenntnisse gegeben.

7.1 Zusammenfassung

Die Ergebnisse der **Push-Out-Versuche** zur Bestimmung der Grenzflächenscherfestigkeit haben gezeigt, dass durch die axiale Belastung des Verstärkungselementes eine stark inhomogene Beanspruchung entlang der Grenzfläche vorliegt. Dabei wird zusätzlich zur radialen Expansion des Verstärkungselementes aufgrund des Kontakts zwischen Indenter und Verstärkungselement eine Biegebeanspruchung auf die Probe induziert, die sowohl von der Probendicke als auch von der Nutbreite des Probenhalters beeinflusst wird. Dies konnte anhand metallographischer Schliffe verifiziert und durch die Simulationsergebnisse bestätigt werden. Damit kann festgehalten werden, dass dieses Verfahren lediglich relative Aussagen bezüglich der Grenzflächenhaftung liefert.

Allgemein kann aus den Ergebnissen der **Zug-** sowie **Druckversuche** eine Erhöhung der Festigkeit durch den Einsatz des Federstahldrahtes festgestellt werden. Dabei erfolgt zudem eine Stabilisierung der bei unverstärkten Proben beobachteten Zug-Druck-Asymmetrie. Ferner ist durch Anwendung des Kelly-Modells eine gute Übereinstimmung zwischen den prognostizierten und den experimentell bestimmten Festigkeiten sowohl unter Zug- als auch unter Druckbeanspruchung ersichtlich. Des Weiteren konnten exemplarisch an 11,1 Vol.-% verstärkten Proben Mehrfacheinschnürungen des Verstärkungselementes nachgewiesen und diese durch Modifikation in bereits bestehende Modelle erfolgreich implementiert werden. Die Simulation des Verbundes unter Zugbeanspruchung zeigte eine sehr gute Übereinstimmung mit den experimentellen Werten, wohingegen keine Mehrfacheinschnürung ermittelt werden konnte.

Der Einsatz des Federstahldrahtes führt aufgrund der Versteifungswirkung zu einer Optimierung der **Ermüdungseigenschaften** unter rein wechselnder, kraftkontrollierter Beanspruchung bei einem Verstärkungsgehalt von 11,1 Vol.-%. Dabei kann der Verformungs- und Schädigungsverlauf verstärkter Proben phänomenologisch in vier Bereiche eingeteilt werden. Der Bereich I ist durch die zyklische Verfestigung der Matrix gekennzeichnet, gefolgt vom Sättigungsbereich II. Der Bereich III wird durch die Rissbildung und das Risswachstum innerhalb der Matrix, ausgehend von der Probenoberfläche bis zum Verstärkungselement eingeleitet. Dabei erfolgt beim Passieren des Verstärkungselementes durch den Riss zusätzlich eine Delamination der Grenzfläche parallel zur Belastungsrichtung. Der Übergang von Bereich III zu Bereich IV ist durch den Gewaltbruch des Matrixmaterials gekennzeichnet. Anschließend erfolgt innerhalb des Bereiches IV die Ermüdung des Verstärkungselementes, die durch dessen Verfestigung und der anschließenden Rissbildung auf der Initiierungsseite des Matrixrisses eingeleitet wird.
Auf Basis der Dehnungsgleichheit konnte eine Lebensdauervorhersage in Abhängigkeit vom Verstärkungsgehalt und von der Steifigkeit der Einzelkomponenten ausgehend von den Ermüdungseigenschaften unverstärkter Proben hergleitet und erfolgreich auf weitere federstahldrahtverstärkte Aluminium- sowie Magnesiummatrixlegierungen übertragen werden.

Die **zyklischen Rissausbreitungsuntersuchungen** haben das Potenzial des Verbundes bei sehr geringem Verstärkungsanteil (V_{VE} = 0,79 Vol.-%) veranschaulicht. Durch die Versteifungswirkung und die damit zusammenhängende verkleinerte Rissöffnung im Vergleich zum unverstärkten Material konnte, wie bereits an den kraftkontrollierten Ermüdungsversuchen festgestellt wurde, eine Erhöhung der Lebensdauer bzw. ein positiver Einfluss auf das Rissausbreitungsverhalten durch den Einsatz der Verstärkungselemente konstatiert werden.

Die Anwendbarkeit der **Schallemissionsanalyse** konnte erfolgreich für die Verformungs- sowie Schädigungsdetektion sowohl unverstärkter als auch verstärkter Proben unter Zug- sowie Ermüdungsbeanspruchung und auch für die zyklischen Rissausbreitungsuntersuchungen gezeigt werden. Dabei fand sowohl eine Detektion der plastischen Verformung unter Zug- sowie Ermüdungsbeanspruchung als auch eine Registrierung der Schädigungsmechanismen wie z. B. Risswachstum statt. Aussagekräftige Ergebnisse hinsichtlich der in-situ-Schädigungsortung mittels der detektierten Schallsignale unter Zug- und Ermüdungsbeanspruchung blieben dagegen aus.

Durch eine sich nach dem Verbundstrangpressprozess anschließende **Wärmebehandlung** konnte eine Optimierung der quasi-statischen Festigkeiten sowohl bezüglich der Grenzflächenhaftung als auch hinsichtlich der Zug- sowie Druckeigenschaften erzielt werden. Dabei ist vor allem die hohe spezifische Festigkeit unter Zugbeanspruchung warmausgelagerter unverstärkter Proben im Vergleich zu 25 Vol.-% verstärkten kaltausgelagerten Proben hervorzuheben. Demgegenüber zeigten die Ergebnisse der Ermüdungseigenschaften eine gegenläufige Tendenz.

7.2 Ausblick

Künftige Untersuchungen könnten den Vergleich zwischen der mittels Push-Out- sowie Pull-Out-Versuchs ermittelten **Grenzflächenscherfestigkeit** beinhalten. Weiterer Forschungsbedarf liegt in der Bestimmung der Grenzflächennormalhaftung, die insbesondere für die Implementierung der Materialkenndaten innerhalb der Simulation notwendig ist. Dies erfordert jedoch eine Bestimmung mechanischer Kennwerte auf Grenzflächenebene, d. h. auf Mikrometermaßstab. Entsprechende Konzepte bezüglich der in-situ-Prüfung unter Zugbeanspruchung sind unter anderem in [Kie08] veröffentlicht. Die Charakterisierung der Radial-Normalhaftung der stoffschlüssigen Haftung zwischen Verstärkungselement und Matrix innerhalb des Rasterelektronenmikroskops kann somit zusätzliche Aussagen über das Verformungs- und Schädigungsverhalten liefern.

Das unter **Zugbeanspruchung** beobachtete Schädigungsverhalten an Verbundproben liefert hinsichtlich der erhöhten Duktilität des Verstärkungselementes weiteres Untersuchungspotenzial für die Quantifizierung der Mehrfacheinschnürung. So könnten durch mikrocomputertomographische Analysen der Beginn der Einschnürung sowie die weiteren Einschnürungslokalisationen und -grade detaillierter untersucht und durch Nanoindentationsversuche an Längsschliffen quantifiziert werden.

Weiterführende Untersuchungen in der Simulation des Verbundverhaltens unter Zugbeanspruchung könnten die Implementierung von statistischen Unterschieden der Oberflächenbeschaffenheit des Verstärkungselementes sowie das Einbringung von Eigenspannungen als Vorspannung mit einbeziehen, um somit die Mehrfacheinschnürung detaillierter zu analysieren.
Die Anwendbarkeit des vorgestellten **Ermüdungslebensdauermodells** soll sowohl für weitere Werkstoffsysteme als auch für unterschiedliche Verstärkungsgehalte und andere Lastverhältnisse gezeigt und verifiziert werden. Zudem bedarf das innerhalb des Bereiches IV am Verstärkungselement vorliegende Beanspruchungsverhältnis weiterer Untersuchungen zur Klärung der Rissöffnungs- und Rissschließungsmechanismen, die ebenfalls simulativ gestützt werden könnten.

Künftige Untersuchungen hinsichtlich des **Rissausbreitungsverhaltens** würden mittels eines Ansetzwegaufnehmers den in dieser Arbeit gezeigten Effekt der Rissöffnungsbehinderung durch die Verstärkungselemente verdeutlichen und weitergehende Aussagen bezüglich der effektiven Riss-öffnung bzw. der effektiven Schwingbreite des Spannungsintensitätsfaktors erlauben.

Weiterer Forschungsbedarf bei der Anwendung der **Schallemissionsanalyse** besteht unter anderem in der Separierung der durch die einzelnen Schädigungsmechanismen verursachten Schallemissionsdaten durch Mustererkennungsverfahren [Sau10]. Dies ermöglicht eine genauere Einsicht in das Schädigungsverhalten unter den genannten Beanspruchungen sowie die genauere in-situ-Lokalisierung der unterschiedlichen Schädigungsarten.

Für das innerhalb dieser Arbeit untersuchte Material soll eine zielgerichtete Optimierung der mechanischen Eigenschaften hinsichtlich einer der jeweiligen Beanspruchung angepassten und damit flexiblen **Wärmebehandlung** erfolgen, um das Leichtbaupotenzial vollständig auszuschöpfen. Dies schließt die Integration einer verbesserten Abschreckvorrichtung in den Verbundstrangpressprozess sowie eine nachfolgende Auslagerung mit ein. Dabei wird ein kosten- sowie zeiteffizientes Verfahren zum Lösungsglühen innerhalb des Verbundstrangpressprozesses, eine Integration des Abschreckens mit Wasser und anschließendem beanspruchungsangepassten Kalt- oder Warmauslagern anvisiert [Mer11a].

Außerdem soll das Leichtbaupotenzial durch den Einsatz von spezifisch steiferen und festeren Verbunddrähten auf Aluminiumoxid- [Mer08c] sowie auf Kohlenstoffbasis gesteigert werden. Dabei stellt die Sprödigkeit der Verstärkungselemente jedoch eine weitere Herausforderung für den Verbundstrangpressprozess dar. Weitergehend soll geklärt werden, inwiefern die Sprödigkeit das Verformungs- und Schädigungsverhalten beeinflusst und die vorgestellten Lebensdauerabschätzungen angewandt werden können.

8 Literaturverzeichnis

8.1 Fremdliteratur

[Aba09] Abaqus 6.9.1 Dokumentation. **2009**

[Alt65] D. Altenpohl: *Aluminium und Aluminiumlegierungen*. Springer, **1965**

[Alu07] Aluminium-Werkstoff Datenblätter. **5**, Aluminium, **2007**

[Alu79] AlMgSi-Legierungen-Werkstoffblatt. VAW, **1979**

[Ame03] A. Ames: *Werkzeuge zum Strangpressen von Al-Werkstoffen*. In: K. Müller: Grundlagen des Strangpressens – Verfahren, Anlagen, Werkstoffe, Werkzeuge. **2**, Kontakt & Studium, **2003**

[Ari10] L. Arietano: *Investigation of the tensile and compressive behavior of unidirectional spring steel reinforced EN AW-6082 and AZ31*. Bachelorarbeit am Karlsruher Institut für Technologie (KIT). **2010**

[Ars86] R. J. Arsenault, N. Shi: *Dislocation Generation Due to Differences between the Coefficients of Thermal Expansion*. In: Materials Science and Engineering. **81**, S. 175-187, **1986**

[Ars87] R. J. Arsenault, S. B. Wu: *The Strength Differential and Bauschinger Effects in SiC-Al Composites*. In: Materials Science and Engineering. **96**, S. 77-88, **1987**

[Ash04] M. F. Ashby: *Material Selection in mechanical design*. **2**, Elsevier, **2004**

[Ast05] ASTM E 647 – 05 *Standard Test Method for Measuring of Fatigue Crack Growth Rates*. S. 647-689, **2005**

[Aur78] D. Aurich: *Bruchvorgänge in metallischen Werkstoffen*. Werkstofftechnische Verlagsgesellschaft m.b.H. **1978**

[Bak66a] A. A. Baker, D. Cratchley: *Stress-strain behaviour and toughness of a fibre-reinforced metal*. In: Applied Materials Research. S. 92-103, **1966**

[Bak66b] A. A. Baker: *The effect of fibre volume fraction and interfacial bond on the fatigue of aluminium reinforced with stainless steel wires*. In: Applied Materials Research. S. 143-153, **1966**

[Bar02] C. Barbosa, J. M. A. Rebello, O. Acselrad O.; J. Dille, J.-L. Delplancke: *Identification of precipitates in 6013 aluminum alloy (Al-Mg-Si-Cu)*. In: Zeitschrift für Metallkunde. **93**, S. 208-211, **2002**

[Bar79] J. Baram, M. Rosen: *Acoustic Emission Generated during the Tensile Testing of Aluminium Alloys*. In: Materials Science and Engineering. **40**, S. 21-29, **1979**

[Bas10] O. H. Basquin: *The exponential law of endurance tests*. In: Proc. ASTM. , S. 625-630, **1910**

[Bau01] M. Bauser, G. Sauer, K. Siegert: *Strangpressen*. **2**, Aluminium, **2001**

[Ber95] A. Berkovtis, D. Fang: *Study of fatigue crack characteristics by acoustic emission*. In: Engineering Fracture Mechanics. 51 [3], S. 401-416, **1995**

[Bie02] H. Biermann, A. Vinogradov, O. Hartmann: *Fatigue damage evolution in a particulate-reinforced metal matrix composite determined by acoustic emission and compliance method*. In: Zeitschrift für Metallkunde. **93** [7], S. 719-723, **2002**

[Bir06] Y. Birol: *The effect of processing and Mn content on the T5 and T6 properties of AA6082 profiles*. In: Journal of Materials Processing Technology. **173**, S. 84-91, **2006**

[Blu01] J. T. Blucher, U. Narusawa, M. Katsumata, A. Nemeth: *Continuous manufacturing of fiber-reinforced metal matrix composite wires – technology and product characteristics*. In: Composites: Part A. 32, S. 1759-1766, **2001**

[Bom80] H. Bomas: *Die Abschreckempfindlichkeit von manganhaltigen AlMgSi-Knetlegierungen*. In: Fortschritts-Berichte der VDI-Zeitschriften: Reihe **5**. 47, **1980**

[Bor01] L. P. Borrego, J.M. Ferreira, J.M. Costa: *Fatigue crack growth and crack closure in an AlMgSi alloy*. In: Fatigue & Fracture of Engineering Materials & Structures. **24**, S. 255-265, **2001**

[Bor04] L. P. Borrego, J.M. Costa, S. Silva, J.M. Ferreira: *Microstructure dependent fatigue crack growth in aged hardened aluminium alloys*. In: International Journal of Fatigue. **26**, S. 1321-1331, **2004**

[Bor10] L. P. Borrego, J.M. Costa, F.V. Antunes, J.M. Ferreira: *Fatigue crack growth in heat-treated aluminium alloys. In: Engineering Failure Analysis*. **17**, S. 11-18, **2010**

[Boy00] J. P. Boyd: *Chebyshev and Fourier Spectral Methods*. Dover, **2000**

[Bre39] P. Brenner, H. Kostron: *Über die Vergütung der Aluminium-Magnesium-Silizium Legierungen (Pantal)*. In: Zeitschrift für Metallkunde. S. 89-97, **1939**

[Bud86] B. Budiansky, J. W. Hutchinson, A. G. Evans: *Matrix fracture in fiber-reinforced ceramics*. In: Journal of the Mechanics and Physics of Solids. **34** [2], S. 167-18, **1986**

[Bud93] B. Budiansky: *Compressive failure of fibre composites*. In: Journal of the Mechanics and Physics of Solids. S. 183-211, **1993**

[Cha01] N. Chandra, H. Ghonem: *Interfacial mechanics of push-out tests*: theory and experiments. In: Composites: Part A. **32**, S. 575-584, **2001**

[Cha02] N. Chandra: *Evaluation of interfacial fracture toughness using cohesive zone model*. In: Composites: Part A. , S. 33, **2002**

[Cha06] N. Chawla, K. K. Chawla: *Metal Matrix Composites*. Springer, **2006**

[Cha72] K. K. Chawla, M. Metzger: *Initial Dislocation Distributions in Tungsten Fibre-Copper Composites*. In: Journal of Material Science. **7**, S. 34-39, **1972**

[Cha87] K. K. Chawla: *Composite Materials*. Springer, **1987**

[Cha95] N. Chandra, C. R. Ananth: *Analysis of interfacial behavior in MMCs and IMCs by use of thin-slice push-out tests*. In: Composites Science and Technology. S. 87-100, **1995**

[Cha98] N. Chawla, C. Andres, J.W. Jones: *Cyclic stress-strain behavior of particle reinforced metal matrix composites*. In: Scripta Materialia. **38** [10], S. 1595-1600, **1998**

[Chr09] H.-J. Christ: *Ermüdungsverhalten metallischer Werkstoffe*. **2**, Wiley, **2009**

[Chr91] H.-J. Christ: *Wechselverformungsverhalten von Metallen*. Springer, **1991**

[Chu85] P. S. Chua, M. R. Piggott: *The Glass Fibre-Polymer Interface: I – Theoretical Consideration for Single Fibre Pull-out Tests*. In: Composites Science and Technology. 22, S. 33-42, **1985**

[Cly93] T. W. Clyne, P. J. Withers: *An Introduction to Metal Matrix Composites*. **2**, Cambridge University Press, **1993**

[Cor94] S. F. Corbin, D. S. Wilkinson: *The Influence of Particle Distribution on the Mechanical Response of a Particulate Metal Matrix Composite*. In: Acta Metallurgica et Materialia. 42 [4], S. 1311-1318, **1994**

[Cou00] Th. Courtney: *Mechanical Behavior of Materials*. **2**, McGraw-Hill, **2000**

[Cou83] S. McK. Cousland, C. M. Scala: *Acoustic Emission during the Plastic Deformation of Aluminium Alloys 2024 and 2124*. In: Materials Science and Engineering. **57**, S. 23-29, **1983**

[Dan96] I. M. Daniel, H.-M. Hsiao, S.-C. Wooh: *Failure mechanisms in thick composites under compressive loading*. In: Composites Part B. **27**, S. 543-552, **1996**

[Daw78] W. Dawihl, W. Eicke: *Investigation of Steel Fiber Reinforced Aluminium under Torsional and Compressive Loading*. In: Materialwissenschaft und Werkstofftechnik. **9**, S. 27-30, **1978**

[Dèv97] H. E. Dève: *Compressive strength of continuous fiber reinforced aluminum matrix composites*. In: Acta Materialia. **45** [12], S. 5041-5046, **1997**

[Dig96] DIGITAL WAVE CORPORATION – *Swept Sine Wave Face-to-Face Sensor Calibration – Datasheet*. **1996**

[DIN01] DIN EN 10002-1: *Metallische Werkstoffe – Zugversuch Teil 1: Prüfverfahren bei Raumtemperatur*. **2001**

[DIN05] DIN EN 10088-3: *Nichtrostende Stähle Teil 3: Technische Lieferbedingungen für Halbzeug, Stäbe, Walzdraht, gezogenen Draht, Profile und Blankstahlerzeugnisse aus korrosionsbeständigen Stählen für allgemeine Verwendung*. **2005**

[DIN08a] DIN EN 755-2: Aluminium und Aluminiumlegierungen – *Stranggepresste Stangen, Rohre und Profile – Teil 2: Mechanische Eigenschaften*. **2008**

[DIN08b] DIN EN 473: *Zerstörungsfreie Prüfung – Qualifizierung und Zertifizierung von Personal der zerstörungsfreien Prüfung – Allgemeine Grundlagen*. **2008**

[DIN09] DIN EN 573-3: *Aluminium und Aluminiumlegierungen – Chemische Zusammensetzung und Form von Halbzeug – Teil 3: Chemische Zusammensetzung und Erzeugnisformen*. **2009**

[DIN78] DIN 50106: *Prüfung metallischer Werkstoffe – Druckversuch*. **1978**

[DIN90] DIN 60001 *Teil 2: Textile Faserstoffe: Faser- und Herstellungsformen*. **1990**

[Dun91] D. C. Dunand, A. Mortensen: *Dislocation emission at fibers-II.experiments and microstructure of thermal punching*. In: Acta Metallurgica et Materialia. **39** [7], S. 1417-1429, **1991**

[Dvo80] G. J. Dvorak, W. S. Johnson: *Fatigue of metal matrix composites*. In: International Journal of Fracture. **16** [6], S. 585-607, **1980**

[Edw98] G. A. Edwards, K. Stiller, G. L. Dunlop, M. J. Couper: *The precipitation sequence in Al-Mg-Si alloys*. In: Acta Materialia. **46**, S. 3893-3904, **1998**

[Eis96] J. Eisenblätter: *Schallemissionsprüfung – Grundlagen und Anwendungen zur Prozesskontrolle bei und nach der Herstellung sowie zur Überwachung von Bauteilen und Strukturen*. Technische Akademie Esslingen Weiterbildungszentrum, **1996**

[Env98] ENV, CEN.: *Design of aluminium structures. Rat 2: structures susceptile to fatigue*. European Committee for Standardisation, **1998**

[Erm06] R. Ermel, T. Beck, E. Kerscher: *Analysis of failure behaviour of carbon/carbon composite made by chemical vapour infiltration considering fibre, matrix and interface properties*. In: International Journal of Materials Research. **97**, S. 10, **2006**

[Eva89] A. G. Evans, M. Y. He, J. W. Hutchinson: *Interface Debonding and Fiber Cracking in Brittle Matrix Composites*. In: Journal of the American Ceramic Society. **72** [12], S. 2300-2303, **1989**

[Fan94] D. Fang, A. Berkovits: *Evaluation of fatigue damage accumulation by acoustic emission*. In: Fatigue & Fracture of Engineering Materials & Structures. **17** [9], S. 1057-1067, **1994**

[För36] F. Förster, E. Scheil: *Akustische Untersuchung der Bildung von Martensitnadeln*. In: Zeitschrift für Metallkunde. **9**, S. 245-247, **1936**

[Fuc80] H. O. Fuchs, R. J. Stephens: *Metal Fatigue in Engineering*. Wiley, **1980**

[Gal96] J. M. Galbraith, E. P. Rhyne, D. A. Koss and J. R. Hellmann: *The interfacial failure sequence during fiber pushout in metal matrix composites*. In: Scripta Materialia. **35** [4], S. 543-549, **1996**

[Git07] R. Gitter, W.-D. Finkelnburg: *Wärmebehandlung von Aluminiumlegierungen*. Aluminiumzentrale – Merkblatt W7. Gesamtverband der Aluminiumindustrie e.V. **2007**

[Gro06] C. U. Grosse, A. Wanner, J. H. Kurz, L. Linzer: *Acoustic emission*. In: Damage and its Evolution in Fiber-Composite Materials: Simulation and Non-Destructive Evaluation, Gerd Busse, Bernd-H. Kröplin, Falk K. Wittel (Eds.). S. 37-60, **2006**

[Gro08] C. U. Große, M. Ohtsu: *Acoustic Emission Testing*. Springer, **2008**

[Gup01] A. K. Gupta, D. J. Lloyd, S. A. Court: *Precipitation hardening in Al-Mg-Si alloys with and without excess Si*. In: Materials Science and Engineering A. **316**, S. 11-17, **2001**

[Gup02] A. K. Gupta, D. J. Lloyd: *Quench path sensitivity of super purity Al-0,8%Mg_2Si alloys with and without excess silicon*. In: Materials Science Forum. **396-402** [2], S. 971-976, **2002**

[Ham08] T. Hammers, E. Kerscher, K. A. Weidenmann, D. Löhe: *Mechanical Properties of Compound Extruded Unidirectional Reinforced Aluminum Alloys under quasi-static Loading*. In: J. Hirsch, B. Skrotzki, G. Gottstein: „Aluminium Alloys, Vol. **2**, Their Physical and Mechanical Properties. S. 2245-2250, **2008**

[Ham09a] T. Hammers, D. Pietzka, T. Kloppenborg, K. A. Weidenmann, E. Kerscher, M. Schikorra, A. E. Tekkaya, D. Löhe: *T1 – Verbesserung der Werkstoff- und Bauteileigenschaften von Luftfahrtstringern durch Verbundstrangpressen*. In: Fortschr. Ber. VDI Reihe 2 **668**, S. 351-369, **2009**

[Ham10] K. A. Weidenmann, E. Kerscher, T. Hammers: *Mechanical Properties of Compound Extruded Aircraft Stringer Profiles Under Cyclic Loading*. In: Advanced Engineering Materials. **12** [1], S. 584-586, **2010**

[Ham66] R. K. Ham, T. A. Place: *The failure of copper-tungsten fibre composites in repeated tension*. In: Journal of the Mechanics and Physics of Solids. **14**, S. 221-280, **1966**

[Ham77] M. A. Hamstad, R. Bianchetti and A. K. Mukherjee: *A correlation between acoustic emission and the fracture toughness of 2124-T851 aluminum*. In: Engineering Fracture Mechanics. **9**, S. 663-674, **1977**

[Ham85] M. A. Hamstad: A Review: *Acoustic Emission, a Tool for Composite - Materials Studies*. In: Experimental Mechanics. S. 7-13, **1985**

[Har73] D. O. Harris, H. L. Dunegan: *Continuous Monitoring of fatigue-crack growth by acoustic-emission techniques*. In: Experimental Mechanics. S. 71-81, **1973**

[Har89] D. M. Harmon, C. R. Saff: *Damage Initiation and Growth in Fiber Reinforced Metal Matrix Composites*. In: Metal Matrix Composites: Testing, Analysis and Failure Modes. S. 237-250, **1989**

[Hei87a] C. R. Heiple, S.H. Carpenter: *Acoustic Emission Produced by Deformation of Metals and Alloys – A Review: Part I*. In: Journal of Acoustic Emission. **6** [3], S. 177-204, **1987**

[Hei87b] C. R. Heiple, S.H. Carpenter: *Acoustic Emission Produced by Deformation of Metals and Alloys – A Review: Part II*. In: Journal of Acoustic Emission. **6** [4], S. 215-237, **1987**

[Hen11] A. Henschel: *In situ Untersuchungen mittels der Schallemissionsanalyse zum Schädigungsverhalten der federstahldrahtverstärkten Magnesiumknetlegierung AZ31 unter quasi-statischer und zyklischer Beanspruchung.* Studienarbeit am Karlsruher Institut für Technologie (KIT). **2011**

[Her68] D. Herker, O. Schaaber: *Einfluß der Begleitelemente auf die Entmischungskinetik, die Unterkühlbarkeit und technologische Eigenschaften von aushärtbaren AlMgSi-Legierungen.* In: Härterei-Techn. Mitteilungen. **23**, S. 278-292, **1968**

[Hib05] R. Hibbeler: *Technische Mechanik 1 – Statik*, **10**, Pearson, **2005**

[Hor06] E. Hornbogen, H. Warlimont: *Metalle: Struktur und Eigenschaften der Metalle und Legierungen.* **5**, Springer, **2006**

[Hor08] E. Hornbogen, G. Eggeler, E. Werner: *Werkstoffe: Aufbau und Eigenschaften von Keramik-, Metall-, Polymer- und Verbundwerkstoffen.* **9**, Springer, **2008**

[Hos73] W. F. Hosford, T. J. Allen: *Twinning and Directional Slip as a Cause for a Strength Differential Effect.* In: Metallurgical Transactions. **4**, S. 1424-1425, **1973**

[Hua98] M. Huang, L. Jiang, P. K. Liaw, C. R. Brooks, R. Seeley, D. L. Klarstrom: *Using acoustic emission in fatigue and fracture materials research.* In: JOM. **50** [11], **1998**

[Hul96] D. Hull, T. W. Clyne: *An Introduction to composite materials.* Cambridge University Press, **1996**

[Hun09] Y.-C. Hung, J.A. Bennett, F. A. Garcia-Pastor, M. Di Michiel, J.-Y. Buffière, T. J. A. Doel, P. Bowen, P. J. Withers: *Fatigue crack growth and load redistribution in Ti/SiC composites observed in situ.* In: Acta Materialia. **57**, S. 590-599, **2009**

[Jan95] J. Janczak, L. Rohr, P. Schulz, H. P. Degischer: *Grenzflächenuntersuchungen an endlosverstärkten Aluminium-Verbundwerkstoffen für die Raumfahrttechnik.* In: Oberflächen Werkstoffe. , S. 16-19, **1995**

[Jel92] P. M. Jelf, N. A. Fleck: *Compression Failure Mechanisms in Unidirectional Composites.* In: Journal of Composite Materials. **26** [18], S. 2706-2726, **1992**

[Jia03] D. Jiang, C. Wang: *Influence of microstructure on deformation behavior and fracture mode of Al /Mg /Si alloys.* In: Materials Science and Engineering A. **352**, S. 29-33, **2003**

[Jin01] X. Jinang, Q. Gao: *Stress-transfer analysis for fibre/matrix interfaces in short-fibre-reinforced composites*. In: Composites Science and Technology. **61**, S. 1359-1366, **2001**

[Joh89] W. S. Johnson: *Fatigue Testing and Damage Development in Continuous Fiber Reinforcecd Metal Matrix Composites*. In: Metal Matrix Composites – Testing, Analysis and Failure Modes. S. 194-221, **1989**

[Juv67] R. C. Juvinall: *Engineering Considerations of Stress, Strain and Strength.* McGraw-Hill, **1967**

[Kai03] K. U. Kainer: *Metallische Verbundwerkstoffe*. Wiley, **2003**

[Kai06] K. U. Kainer: *Metal Matrix Composites*. Wiley, **2006**

[Kai50] J. Kaiser: *Untersuchungen zum Auftreten von Geräuschen beim Zugversuch*. In: Dissertation an der Technischen Universität München. **1950**

[Kam00] C. Kammer: *Magnesium Taschenbuch*. Aluminium, S. 193-284, **2000**

[Kam02] C. Kammer: *Aluminium Taschenbuch*. **16**, Aluminium, **2002**

[Kel65a] A. Kelly, J. Davies, *The Principles of the fibre reinforcement of metal. In: Metallurgical Reviews*. **10** [37], 1-78, **1965**

[Kel65b] A. Kelly, W. R. Tyson: *Tensile properties of fibre reinforced metals: copper/tungsten and and copper/molybdenum*. In: Journal of the Mechanics and Physics of Solids. **13**, S. 329-350, **1965**

[Keß01a] O. Keßler: *Precipitation Hardening of Aluminum Alloys – Part1*. In: The Heat Treatment Market. **2**, S. 5-8, **2001**

[Keß01b] O. Keßler: *Precipitation Hardening of Aluminum Alloys – Part2. In: The Heat Treatment Market*. **3**, S. 5-8, **2001**

[Kie08] D. Kiener, W. Grosinger, G. Dehm, R. Pippan: *A further step towards an understanding of size-dependent crystal plasticity: In situ tension experiments of miniaturized single-crystal copper samples*. In: Acta Materialia. **56**, S. 580-592, **2008**

[Kie76] N. Kiesewetter, P. Schill: *The Acoustic Emission from Moving Dislocations in Aluminium*. In: physica status solidi (a). **38,** S. 569-576, **1976**

[Kle04] M. Kleiner, M. Schomäcker, M. Schikorra, A. Klaus: *Manufacture of Extruded and Continuously Reinforced Aluminum Profiles for Ultra-Lightweight Constructions*. In: Materialwissenschaften und Werkstofftechnik. **35** [7], S. 431-439, **2004**

[Kle06] M. Kleiner, S. Chatti, A. Klaus: *Metal forming techniques for lightweight construction. In: Journal of Materials Processing Technology*. **177**, S. 2-7, **2006**

[Kol80a] J. Kolerus: Acoustic emission analysis, *Part 1. Acoustic emission: Nature of origin, propagation and application*. In: Technisches Messen. **46** [11], S. 389-394, **1980**

[Kol80b] J. Kolerus: *Acoustic emission analysis, Part 2. Methods and instrumentation*. In: Technisches Messen. **47** [12], S. 427-434, **1980**

[Kou01] M. Kouzeli, L. Weber, C. San Marchi, A. Mortensen: *Quantification of microdamage phenomena during tensile straining of high volume fraction particle reinforced aluminium*. In: Acta Materialia. **49**, S. 497-505, **2001**

[Kra86] J. Krautkrämer, H. Krautkrämer: *Werkstoffprüfung mit Ultraschall*, **5**, Springer, **1986**

[Lan95] J. Lankford: *Compressive failure of fibre-reinforced composites: buckling, kinking, and the role of the interphase*. In: Journal of Material Science. **30**, S. 4343-4348, **1995**

[Law72] P. Lawrence: *Some Theoretical Considerations of Fibre Pull-Out from an Elastic Matrix*. In: Journal of Material Science. **7**, S. 1-6, **1972**

[Lee96] C. S. Lee, C. G. Park, Y. W. Chang: *Precise determination of fatigue crack closure in Al alloys*. In: Materials Science and Engineering A. **21**, S. 131-138, **1996**

[Li95] D. S. Li, M. R. Wisnom: *Factors controlling the transverse tensile properties of unidirectional SiC/Ti-6Al-4V*. In: Composites Engineering. **5** [3], S. 235-25, **1995**

[Lim93] C-Y. Lim, H. R. Shercliff: *Quench sensitivity of aluminium alloy 6082*. **1993**

[Llo91] D. J. Lloyd: *Aspects of fracture in particulate reinforced metal matrix composites*. In: Acta Metallurgica et Materialia. **39** [1], S. 59-71, **1991**

[Lot81] J. Lottermoser, P. Höller: *Crack propagation and acoustic emission: Knowledge, ability and experiences*. In: Materialprüfung. **23** [3], S. 69-74, **1981**

[Man07a] T. Mann, G. Härkegard, K. Stärk: *Short fatigue crack growth in aluminium alloy 6082-T6*. In: International Journal of Fatigue. **29**, S. 1820-1826, **2007**

[Man07b] J. Man, L. Jing, S. Guang Jie: *The effects of Cu addition on the microstructure and thermal stability of an Al-Mg-Si alloy*. In: Journal of Alloys and Compounds. **437**, S. 146-150, **2007**

[Mar01] C. D. Marioara, S. J. Andersen, J. Jansen, H. W. Zandbergen: *Atomic model for GP-zones in a 6082 Al-Mg-Si system*. In: Acta Materialia. **49**, S. 321-328, **2001**

[Mar03] C. D. Marioara, S. J. Andersen, J. Jansen, H. W. Zandbergen: *The influence of temperature and storage time at RT on nucleation of the β phase in a 6082 Al-Mg-Si alloy*. In: Acta Materialia. **51**, S. 789-796, **2003**

[Mar84] D. B. Marshall: *An Indentation Method for Measuring Matrix-Fibre Frictional Stresses in Ceramic Composites*. In: Communication of the American Ceramic Society. S. C-259-C-260, **1984**

[Mar85] D. B. Marshall, B. N. Cox, A.G. Evans: *The mechanics of matrix cracking in brittle matrix fiber composites*. In: Acta Metallurgica. **33** [11], S. 2013-2021, **1985**

[Mar87] D. B. Marshall, W.C. Oliver: *Measurement of Interfacial Mechanical Properties in Fiber-Reinforced Ceramic Composites*. In: Journal of the American Ceramic Society. **70** [81], S. 542-48, **1987**

[Mar91] B. Maruyama, E. V. Barrera, L. Rabenberg: *Characterization and Modification of Composite Interfaces*. In: Metal matrix composites / ed. by R. K. Everett , R. J. Arsenault. S. 181-216, **1991**

[Mar98] A. Martens: *Handbuch der Materialkunde für den Maschinenbau*. Springer, **1898**

[McM90] R. M. McMeeking, A. G. Evans: *Matrix fatigue in fibre composites*. In: Mechanics of Materials. **9**, S. 217-227, **1990**

[Mei10] M. Meissner: *Experimentelle und CAE gestützte Untersuchung des Schädigungsverhaltens der unidirektional federstahldrahtverstärkten Aluminiumlegierung EN AW-6082 bei variierendem Verstärkungsanteil*. Studienarbeit am Karlsruher Institut für Technologie (KIT). **2010**

[Met74] G. Metcalf, L. J. Broutman, R. H. Krock: *Composite Materials – Volume 1: Interfaces in Metal Matrix Composites*. Academic Press. **1974**

[Mil69] S. T. Mileiko: *The Tensile Strength and Ductility of Continuous Fibre Composites*. In: Journal of Materials Science. **4**, S. 974-977, **1969**

[Moe82] Ch. Möck: *Stahldrahtverstärkte Aluminiumverbundkörper mit und ohne äussere Vorspannungen*. Dissertation an der Universität Karlsruhe (TH). **1982**

[Moe84a] Ch. Möck: *Eigenspannungen bei kontinuierlich, unidirektional verstärkten Faserverbundkörpern und Verbundwerkstoffen*. In: Materialwissenschaft und Werkstofftechnik. **15**, S. 268-276, **1984**

[Moe84b] Ch. Möck: *Eigenspannungen bei kontinuierlich, unidirektional verstärkten Faserverbundkörpern und Verbundwerkstoffen*. In: Materialwissenschaft und Werkstofftechnik. **15**, S. 315-323, **1984**

[Mor64] J. Morrow: *Cyclic plastic strain energy and fatigue of metals*. In: Internal Friction, Damping and Cyclic Plasticity. **1964**

[Mor73] T. M. Morton, R. M. Harrington, J. G. Bjeletich: *Acoustic emissions of fatigue crack growth*. In: Engineering Fracture Mechanics. **5**, S. 691-697, **1973**

[Mro05] G. Mrówka-Nowotnik, J. Sieniawski: *Influence of heat treatment on the microstructure and mechanical properties of 6005 and 6082 aluminium alloys*. In: Journal of Materials Processing Technology. **162-163**, S. 367-372, **2005**

[Mro07] G. Mrówka-Nowotnik, J. Sieniawski, M. Wierzbiñska: *Intermetallic phase particles in 6082 aluminium alloy*. In: Archives of Materials Science and Engineering. **28** [2], S. 69-76, **2007**

[Muk97] S. Mukherjee, C. R. Ananth, N. Chandra: *Evaluation of Fracture Toughness of mmC Interfaces Using Thin-Slice Push-Out Tests*. In: Scripta Materialia. Bd. 11, **36**, S. 1333-1338, **1997**

[Mül03] K. Müller: *Grundlagen des Strangpressens*. Kontakt & Studium, **2003**

[Mur98] M. Murayama, K. Hono, M. Saga, M. Kikuchi: *Atom probe studies on the early stages of precipitation in Al-Mg-Si alloys*. In: Materials Science and Engineering A. **250**, S. 127-132, **1998**

[Mur99] M. Murayama, K. Hono: *Pre-precipitate clusters and precipitation processes in Al-Mg-Si alloys*. In: Acta Materialia. **47** [5], S. 1537-1548, **1999**

[Nas12] Ch. Nass: *Untersuchungen zur Geometrieabhängigkeit der mittels Push-Out-Test gemessenen Grenzflächenscherfestigkeit*. Bachelorarbeit am Karlsruher Institut für Technologie (KIT). **2012**

[Nix74] J. Nixdorf: *Die Faserverstärkung von Aluminium*. In: Materialwissenschaft und Werkstofftechnik. **2**, S. 84-95, **1974**

[Och94] S. Ochiai: *Mechanical Properties of Metallic Composites*. Marcel Dekker Inc., **1994**

[Ost07] F. Ostermann: *Anwendungstechnologie Aluminium*. **2**, Springer, **2007**

[Pac98] T. Pacheco, H. Nayeb-Hashemi, H.E.M. Sallam: *The effects of matrix and fiber properties on the mechanical behavior and acoustic emission in continuous fiber reinforced metal matrix composites*. In: Materials Science and Engineering A. **247**, S. 88-96, **1998**

[Par61] P. C. Paris, M. P. Gomez, W. E. Anderson: *A Rational Analytic Theory of Fatigue*. In: The trend in Engineering. **13**, S. 9-14, **1961**

[Ped08] K. O. Pedersen, O.-G. Lademo, T. Berstad, T. Furu, O. S. Hopperstad: *Influence of texture and grain structure on strain localisation and formability for AlMgSi alloys*. In: Journal of materials processing technology. **200**, S. 77-93, **2008**

[Pie11] D. Pietzka, A. E. Tekkaya: *Herstellung von Verbundprofilen durch Strangpressen*. In: Fortschr. Ber. VDI Reihe 2. **678**, S. 27-48, **2011**

[Pie65] H. R. Piehler: *Plastic Deformation and Failure of Silver-Steel Filamentary Composites*. In: Trans. TMS-AIME. **233**, S. 12-16, **1965**

[Poc01] K. V. Pochirajua, G. P. Tandonb, N. J. Pagano: *Analyses of single fiber pushout considering interfacial friction and adhesion*. In: Journal of the Mechanics and Physics of Solids. **49**, S. 2307-2338, **2001**

[Rac77] H. J. Rack, R. W. Krenzer: *Thermomechanical Treatment of High Purity 6061 Aluminum*. In: Metallurgical and Materials Transactions A. **8**, S. 335-346, **1977**

[Rad07] D. Radaj, M. Vormwald: *Ermüdungsfestigkeit – Grundlagen für Ingenieure*. **3**, Springer, **2007**

[Rau77] G. Rau: *Metallische Verbundwerkstoffe*. Werkstofftechnische Verlagsgesellschaft m.b.H. **1977**

[Ree09] A. Reeb: *In situ Untersuchungen mittels der Schallemissionsanalyse zum Schädigungsverhalten der federstahldrahtverstärkten Aluminiumlegierung EN AW-6082 im Wärmebehandlungszustand T4 und T6 unter zyklischer Beanspruchung*. Studienarbeit an der Universität Karlsruhe (TH). **2009**

[Ree11] A. Reeb, A. Ohl, K. Poser, T. Kloppenborg, A. Brosius, A. E. Tekkaya, K. A. Weidenmann: *Präparations- und Ätzmethodik zur lichtmikroskopischen Analyse von Strangpressnähten und Gefügekontrastierung für die Aluminiumlegierungen EN AW-6063 und EN AW-6082*. In: Sonderbände der praktischen Metallographie. **43**, S. 31-36, **2011**

[Rie09] S. Riedl: *Ansätze zur Anwendung der Schallemissionsanalyse zur Schädigungsdokumentation von verbundstranggepresstem, federstahldrahtverstärktem EN AW-6060*. Studienarbeit an der Universität Karlsruhe (TH). **2009**

[Rit99] R. O. Ritchie: *Mechanisms of fatigue-crack propagation in ductile and brittle solids*. In: International Journal of Fracture. **100**, S. 55-83, **1999**

[Rob03a] T. M. Roberts, M. Talebzadeh: *Fatigue life prediction based on crack propagation and acoustic emission count rates*. In: Journal of Constructional Steel Research. **59**, S. 679-694, **2003**

[Rob03b] T. M. Roberts, M. Talebzadeh: *Acoustic emission monitoring of fatigue crack propagation*. In: Journal of Constructional Steel Research. **59**, S. 695-712, **2003**

[Rom02] P. A. Rometsch, S. C. Wang, A. Harriss, P. J. Gregson, M. J. Starink: *The Effect of Homogenizing on the Quench Sensitivity of 6082*. In: Materials Science Forum. **396-402**, S. 655-660, **2002**

[Ros08] A. Rossoll, C. Otto, B. Moser, L. Weber, A. Wanner, A. Mortensen: *Measurement of damage evolution in continuous ceramic fibre-reinforced metals by acoustic emission*. In: Scripta Materialia. **59**, S. 842-845, **2008**

[Rös08] J. Rösler, H. Harders, M. Bäker: *Mechanisches Verhalten der Werkstoffe*. Vieweg + Teuber, **2008**

[Ros64] B. W. Rosen: *Mechanics of composite strengthening. In: Fiber Composite Materials*, American Society of Metals. S. 37-45, **1964**

[Ros82a] G. Rosenkranz, V. Gerold, D. Stöckel, L. Tillmann: *Fatigue behaviour of metallic fibre-reinforced materials: a study of steel fibre-reinforced silver Part 1 Low-cycle fatigue*. In: Journal of Materials Science. **17**, S. 264-276, **1982**

[Ros82b] G. Rosenkranz, V. Gerold, K. Kromp, D. Stöckel, L. Tillmann: *Fatigue behaviour of metallic fibre-reinforced materials: a study of steel fibre-reinforced silver Part 2 Failure mechanisms and high-cycle fatigue life*. In: Journal of Materials Science. **17**, S. 277-289, **1982**

[Roy04] J. Røyset, U. Tundal, O. Reiso: *Comparison of Properties of Extruded 6xxx Alloys in T5 Temper versus T6 Temper*. In: Proceedings of the 9th International Conference on Aluminium Alloys, Edited by J. F. Nie, A. J. Morton and B. C. Muddle. S. 300-304, **2004**

[Sae70] K. E. Saeger: *Faserverstärkte Verbundwerkstoffe mit Aluminium-Matrix*. **64**, S. 681-686, **1970**

[Sat00] T. Sato: *Early Stage Phenomena and Role of Microalloying Elements in Phase Decomposition of Aluminum Alloys*. **331-337**, S. 85-96, **2000**

[Sau10] M. G. R. Sause: *Identification of failure mechanisms in hybrid materials utilizing pattern recognition techniques applied to acoustic emission signals*. In: Dissertation an der Universität Augsburg. **2010**

[Sch06] Th. Schwind: *Zyklisches Deformationsverhalten verbundstranggepresster Aluminiumprofile*. Diplomarbeit an der Universität Karlsruhe (TH). **2006**

[Sch07a] M. Schomäcker: *Verbundstrangpressen von Aluminiumprofilen mit endlosen metallischen Verstärkungselementen*. Dissertation an der Technischen Universität Dortmund. **2007**

[Sch07b] M. Schomäcker, M. Schikorra, M. Kleiner: *Verbundstrangpressen*. In: Fortschr. Ber. VDI Reihe **2**. 661, S. 39-68, **2007**

[Sch07c] M. Schomäcker, M. Schikorra, M. Kleiner: *4 years of research on composite extrusion for continuous reinforcement of aluminium profiles*. **2007**

[Sch07d] M. Schikorra, L. Donati, L. Tomesani, A. E. Tekkayal: *Microstructure analysis of aluminum extrusion: grain size distribution in AA6060, AA6082 and AA7075 alloys*. In: Journal of mechanical Science and Technology. S. 1445-1451, **2007**

[Sch09] V. Schlabach: *Untersuchungen zum Korrosionsverhalten Federstahldraht verstärkter Leichtmetallmatrixlegierungen*. Studienarbeit an der Universität Karlsruhe (TH). **2009**

[Sch70] C. Schaene, E. Scala: *Multiple Necking Phenomena In Metal Composites*. In: Metallurgical Transactions. **3**, S. 3467-3469, **1970**

[Sch93] K. Schulte, K. Minoshima: *Damage mechanisms under tensile and fatigue loading of continuous fibre-reinforced metal-matrix composites*. In: Composites. **24** [3], S. 197-208, **1993**

[Sch97] G. Schott: *Werkstoffermüdung – Ermüdungsfestigkeit*. Deutscher Verlag für Grundstoffindustrie. **1997**

[Scr81] C. Scruby, H. Wadley, J. E. Sinclair: *The origin of acoustic emission during deformation of aluminium and an aluminium-magnesium alloy*. In: Philosophical Magazine A. **44** [2], S. 249-274, **1981**

[Scr87] C. B. Scruby: *Instrument science and technology – an introduction to acoustic emission*. In: Journal of Physics E: Scientific Instruments. **20**, S. 946-953, **1987**

[She85] H. R. Shetty, T.-W. Chou: *Mechanical properties and failure characteristics of FP/aluminum and W/aluminum composites*. In: Metallurgical Transactions A. **16**, S. 853-864, **1985**

[Sho74] M. K. Shorshorov, L. N. Moguchii, L. M. Ustinov, V. I. Zhamnova, M. P. Shebatinov: *Investigation Of The Failure In Tension Of An Aluminum Alloy Reinforced With Steel Wire*. In: Strength of materials. **7**, S. 961-965, **1974**

[Stö88] D. Stöckel: *Metallische Verbundwerkstoffe*. In: Materialwissenschaft und Werkstofftechnik. **19**, S. 261-271, **1988**

[Sur06] S. Suresh: *Fatigue of Materials*, **2**, Cambridge University Press. **2006**

[Sur93] S. Suresh: K. K. Chawla, In: Fundamentals of Metal Matrix Composites. Suresh, A. Mortensen, A. Needleman, eds., **1993**

[Tam77] P. Tamayo, *Stress-strain behaviour of aluminum reinforced with stainless fibres*. In: Aluminium. **5**, S. 310-313, **1977**

[Tan98] G. P. Tandona, N. J. Pagano: *Micromechnical analysis of the fiber Push-Out and re-Push-Out test*. In: Composites Science and Technology. **58**, S. 1709-1725, **1998**

[Ten04] H. M. Tensi: *The KAISER – EFFECT and its Scientific Background*. In: DGZfP-EWGAE Proceedings. S. 31-42, **2004**

[The76] J. J. Theler, A. Wagner, A. Ames: *Herstellung von Aluminium/Stahl-Verbundstromschienen mit metallurgischer Bindung zwischen Aluminium und Stahl durch Verbundstrangpressen*. In: Metallwissenschaft und Technik. **3**, S. 223-227, **1976**

[Thi09] L. Thiel: *Ermüdungsversuche an drahtverstärkten verbundstranggepressten Aluminiumprofilen zur Herstellung von Luftfahrtstringern*. Diplomarbeit an der Universität Karlsruhe (TH). **2009**

[Toa87] M. W. Toaz: *Discontinuous ceramic fiber MMCs*. In: T. J. Reinhart (Hg.): Composites, Band 1 der Reihe Engineered Materials Handbook. S. 903-910, **1987**

[Val03] H. Vallen: *Die Schallemissionsprüfung – Informationen zur zerstörungsfreien Prüfung ZfP*. Castell, **2003**

[Val11] Vallen Systeme GmbH – Test Certificate. **2011**

[Ven70] R. M. Vennett, S. M. Wolf, A. P. Levitt: *Multiple necking of tungsten fibers in a brass-tungsten composite*. In: Metallurgical Transactions. **1** [6], S. 1569-1575, **1970**

[Ven93] K. J. Venkateswara Rao, S. C. Siu, R. O. Ritchie: *Failure mechanisms in SiC-fiber reinforced 6061 aluminum alloy composites under monotonic and cyclic loading*. In: Metallurgical and Materials Transactions A. **24**, S. 721-734, **1993**

[Vog86] M. Vogelsang, R. J. Aresenault R. M. Fisher: *An In Situ HVEM Study of Dislocation Generation at Al/SiC Interfaces in Metal Matrix Composites*. In: Metallurgical and Materials Transactions A. **17**, S. 379-389, **1986**

[Voi87] W. Voigt: *Theoretische Studien über die Elasticitätsverhältnisse der Krystalle*. **K134**, S. 3-51, **1887**

[Wal10] V. Walter: *Untersuchungen zum zyklischen Rissausbreitungsverhalten von unverstärktem und federstahldrahtverstärktem EN AW-6082 mittels der Schallemissionsanalyse*. Diplomarbeit am Karlsruher Institut für Technologie (KIT). **2010**

[Wal94] D. P. Walls, F. W. Zok: *Interfacial fatigue in a fiber reinforced metal matrix composite*. In: Acta Metallurgica et Materialia. **42** [8], S. 2675-2681, **1994**

[Wei05a] K. A. Weidenmann, C. Fleck, V. Schulze, D. Löhe: *Analysis of the microstructure and the residual stress state of aluminium extrusions reinforced with ropes*. In: Materialwissenschaft und Werkstofftechnik. **36** [7], S. 307-312, **2005**

[Wei05b] K. A. Weidenmann, C. Fleck, V. Schulze, D. Löhe: *Grenzflächencharakterisierung in drahtverstärkten Verbundstrangpressprofilen mit Aluminiummatrix*. In: M. Schlimmer, Verbundwerkstoffe und Werkstoffverbunde, DGM-Matinfo-Verlag. S. 45-50, **2005**

[Wei05c] K. A. Weidenmann, E. Kerscher, V. Schulze, D. Löhe: *Grenzflächen in Verbundstrangpressprofilen auf Aluminiumbasis mit verschiedenen Verstärkungselementen*. In: Sonderbände der praktischen Metallographie. **37**, S. 131-136, **2005**

[Wei05d] K. A. Weidenmann, M. Schomäcker, E. Kerscher, D. Löhe, M. Kleiner: *Composite extrusion of aluminium matrix specimens reinforced with continuous ceramic fibres*. In: Light Metal Age. **63** [5], S. 6-10, **2005**

[Wei06a] K. A. Weidenmann, E. Kerscher, V. Schulze, D. Löhe: *Characterization of the interfacial properties of compound-extruded lightweight profiles using the push-out-technique*. In: Materials Science and Engineering A. **424**, S. 205-211, **2006**

[Wei06b] K. A. Weidenmann, E. Kerscher, V. Schulze, D. Löhe: *Mechanical properties of compound-extruded aluminium-matrix profiles under quasi-static loading conditions*. In: Advanced Materials Research. **10**, S. 23-34, **2006**

[Wei06c] K. A. Weidenmann: *Werkstoffsysteme für verbundstranggepresste Aluminiummatrixverbunde*. Dissertation an der Universität Karlsruhe (TH). Shaker, **2006**

[Wei07] K. A. Weidenmann, Th. Schwind, E. Kerscher, D. Löhe: *Cyclic loading of wire-reinforced aluminium matrix composite extrusions*. In: Materialwissenschaft und Werkstofftechnik. **38** [2], S. 75-78, **2007**

[Wis89] M. R. Wisnom: *Modelling fibre-matrix interface failure in unidirectional metal matrix composites*. In: Presented at 2nd International ABAQUS Users Conference, Stresa. **1989**

[Yua08a] M. Yuani, Y. Yang, B. Huang, J. Li, Y. Chen: *Evaluation of interface fracture toughness in SiC fiber reinforced titanium matrix composite*. In: Transactions of Nonferrous Metals Society of China. **18**, S. 925-929, **2008**

[Yua08b] M. N. Yuan, Y. Q. Yang, H. J. Luo: *Evaluation of interfacial properties in SiC fiber reinforced titanium matrix composites using an improved finite element model*. In: Materialscharacterization. **59**, S. 1684-1689, **2008**

[Yue98] C. Y. Yue, L. L. Lee, T. Sano: *Experimental push out testing and analysis of fibre reinforced composites: applicability and test considerations*. In: Materials Science and Technology. **14**, S. 987-1000, **1998**

[Zol65] H. Zoller, A. Ried: *Metallkundliche Grundlagen der leicht preßbaren AlMgSi-Legierungen*. In: Aluminium. **41**, S. 626-629, **1965**

8.2 Veröffentlichungen im Rahmen dieser Arbeit

[Ham09b] T. Hammers, M. Merzkirch, K. A. Weidenmann, E. Kerscher: *Mechanisches Verhalten ausgewählter Werkstoffsysteme verbundstranggepresster Leichtbauprofile unter quasistatischer Belastung*. In: 17. Symposium „Verbundwerkstoffe und Werkstoffverbunde", Tagungsband. Bayreuth. S. 155-161, **2009**

[Mer08a] M. Merzkirch, K. A. Weidenmann, E. Kerscher, D. Löhe: *Documentation of the Corrosion of Composite-Extruded Aluminium Matrix Extrusions using the Push-Out Test*. In: Adv. Mater. Res.: Flexible Manufacture of Lightweight Frame structures – Phase II: Integration. **43**, S. 17-22, **2008**

[Mer08b] M. Merzkirch, K. A. Weidenmann, E. Kerscher, D. Löhe: *The use of acoustic emission to determine damage evolution during cyclic loading of wire reinforced AlSiMg0.5. Matrix*. In: Proceedings of "Sixth conference on Low Cycle Fatigue". **6**. S. 649-645, **2008**

[Mer08c] M. Merzkirch, K. A. Weidenmann, E. Kerscher, D. Löhe, D. Pietzka, M. Schikorra, A. E. Tekkaya: *Mechanical Properties of Hybrid Composite Extrusions of an Aluminum-Alumina Wire Reinforced Aluminum Alloy*. In: Materials Science and Technology (MS&T), Pittsburgh. S. 2552-2562, **2008**

[Mer09] M. Merzkirch, K. A. Weidenmann, V. Schulze: *Werkstoffsysteme für verstärkte Leichtbauprofile*. In: Fortschr. Ber. VDI Reihe **2**. 668, S. 45-64, **2009**

[Mer10] K. A. Weidenmann, E. Kerscher, M. Merzkirch: *In Situ Damage Detection With Acoustic Emission Analysis During Cyclic Loading of Wire Reinforced EN AW-6082*. In: Advanced Engineering Materials. **12** [1], S. 637-640, **2010**

[Mer11a] M. Merzkirch, K. A. Weidenmann, V. Schulze: *Werkstoffkundliche Charakterisierung verbundstranggepresster Leichtmetallmatrix-Verbundwerkstoffe*. In: Fortschr. Ber. VDI Reihe **2**. 678, S. 49-72, **2011**

[Mer11b] M. Merzkirch, K. A. Weidenmann, V. Schulze: *Investigations on the Cyclic Crack Growth Behaviour of Spring Steel Wire Reinforced EN AW-6082*. In: Proceedings, TMS 2011, February 27 – March 3, San Diego, California. S. 135 -142, **2011**

[Mer11c] M. Merzkirch, A. Reeb, K. A. Weidenmann, V. Schulze: *Charakterisierung des Verformungs- und Schädigungsverhaltens unidirektional drahtverstärkter Aluminium- und Magnesiummatrixverbunde unter Zug- und Druckbeanspruchung*. In: Tagungsband zum 18. Symposium Verbundwerkstoffe und Werkstoffverbunde in Chemnitz 2011. S. 103-108, **2011**

[Mer11d] M. Merzkirch, A. Reeb, K. A. Weidenmann, A. Wanner, V. Schulze: *Acoustic emission response of reinforced lightweight Metal matrix composites during tensile and cyclic loading*. In: J. Acoustic Emission, **29**, S. 317-328, **2011**

[Ohl09] A. Ohl, M. Merzkirch, M. Grigo, B. Butz, K. A. Weidenmann: *Präparation von Dünnschliffen aus langfaserverstärkten Verbundwerkstoffen mit Polymer- oder Aluminiummatrizes zur Bestimmung der Grenzflächenscherfestigkeit mittels Push-Out Test*. In: Sonderbände der praktischen Metallographie. **41**, S. 99-104, **2009**

Schriftenreihe des Instituts für Angewandte Materialien

ISSN 2192-9963

Die Bände sind unter www.ksp.kit.edu als PDF frei verfügbar oder als Druckausgabe bestellbar.

Band 1 Prachai Norajitra
Divertor Development for a Future Fusion Power Plant. 2011
ISBN 978-3-86644-738-7

Band 2 Jürgen Prokop
Entwicklung von Spritzgießsonderverfahren zur Herstellung von Mikrobauteilen durch galvanische Replikation. 2011
ISBN 978-3-86644-755-4

Band 3 Theo Fett
New contributions to R-curves and bridging stresses – Applications of weight functions. 2012
ISBN 978-3-86644-836-0

Band 4 Jérôme Acker
Einfluss des Alkali/Niob-Verhältnisses und der Kupferdotierung auf das Sinterverhalten, die Strukturbildung und die Mikrostruktur von bleifreier Piezokeramik ($K_{0,5}Na_{0,5}$)NbO_3. 2012
ISBN 978-3-86644-867-4

Band 5 Holger Schwaab
Nichtlineare Modellierung von Ferroelektrika unter Berücksichtigung der elektrischen Leitfähigkeit. 2012
ISBN 978-3-86644-869-8

Band 6 Christian Dethloff
Modeling of Helium Bubble Nucleation and Growth in Neutron Irradiated RAFM Steels. 2012
ISBN 978-3-86644-901-5

Band 7 Jens Reiser
Duktilisierung von Wolfram. Synthese, Analyse und Charakterisierung von Wolframlaminaten aus Wolframfolie. 2012
ISBN 978-3-86644-902-2

Band 8 Andreas Sedlmayr
Experimental Investigations of Deformation Pathways in Nanowires. 2012
ISBN 978-3-86644-905-3

Band 9 Matthias Friedrich Funk
Microstructural stability of nanostructured fcc metals during cyclic deformation and fatigue. 2012
ISBN 978-3-86644-918-3

Band 10 Maximilian Schwenk
Entwicklung und Validierung eines numerischen Simulationsmodells zur Beschreibung der induktiven Ein- und Zweifrequenzrandschicht-härtung am Beispiel von vergütetem 42CrMo4. 2012
ISBN 978-3-86644-929-9

Band 11 Matthias Merzkirch
Verformungs- und Schädigungsverhalten der verbundstranggepressten, federstahldrahtverstärkten Aluminiumlegierung EN AW-6082. 2012
ISBN 978-3-86644-933-6